随园食单

（清）袁枚 著

邓立峰 注

随时的修养

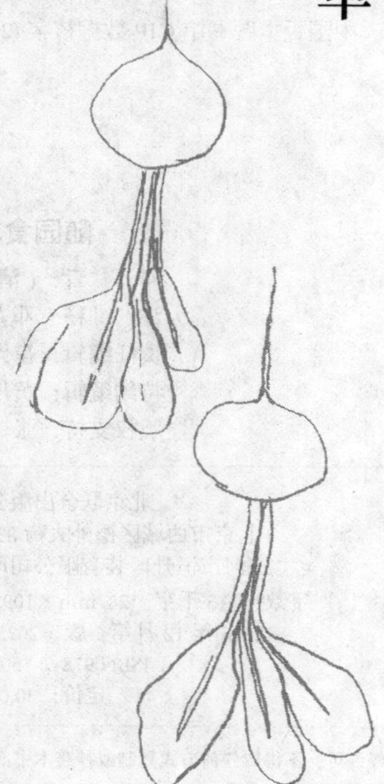

北京联合出版公司
Beijing United Publishing Co.,Ltd.

图书在版编目（CIP）数据

随园食单 /（清）袁枚著；邓立峰注 .— 北京：北京联合出版公司,2016.12（2023.4重印）

（随时的修养）

ISBN 978-7-5502-9172-0

Ⅰ.①随… Ⅱ.①袁… ②邓… Ⅲ.①烹饪—中国—清前期②食谱—中国—清前期③中式菜肴—菜谱—清前期 Ⅳ.① TS972.117

中国版本图书馆 CIP 数据核字 (2016) 第 268610 号

随园食单

作　　者：（清）袁　枚
注　　释：邓立峰
责任编辑：崔保华
特约编辑：黄川川
版权支持：张　婧

北京联合出版公司出版
(北京市西城区德外大街 83 号楼 9 层　100088)
三河市恒升印装有限公司印刷　新华书店经销
字数：115 千字　787mm×1092mm　1/32　印张：7.25
2016 年 12 月第 1 版　2023 年 4 月第 7 次印刷
ISBN 978-7-5502-9172-0
定价：30.00 元

目录

序

诗人美周公而曰："笾豆有践"，恶凡伯而曰："彼疏斯稗"。古之于饮食也，若是重乎？他若《易》称"鼎烹"，《书》称"盐梅"。《乡党》《内则》琐琐言之。孟子虽贱饮食之人，而又言饥渴未能得饮食之正。可见凡事须求一是处，都非易言。《中庸》曰："人莫不饮食也，鲜能知味也。"《典论》曰："一世长者知居处，三世长者知服食。"古人进鬐离肺，皆有法焉，未尝苟且。"子与人歌而善，必使反之，而后和之。"圣人于一艺之微，其善取于人也如是。

余雅慕此旨，每食于某氏而饱，必使家厨往彼灶觚，执弟子之礼。四十年来，颇集众美，有学就者，有十分中得六七者，有仅得二三者，亦有竟失传者。余都问其方略，集而存之。虽不甚省记，亦载某家某味，以志景行。自觉好学之心，理宜如是。虽死法不足以限生厨，名手作书，亦多出入，未可专求之于故纸，然能率由旧章，终无大谬，临时治具，亦易指名。

或曰："人心不同，各如其面。子能必天下之口，皆子之口乎？"曰："执柯以伐柯，其则不远。吾虽不能强天下之口与吾同嗜，而姑且推己及物；则食饮虽微，而吾于忠恕之道，则已尽矣。吾何憾哉？”若夫《说郛》所载饮食之书三十余种，眉公、笠翁，亦有陈言。曾亲试之，皆阏于鼻而蜇于口，大半陋儒附会，吾无取焉。

译文：

诗人赞美周公时，会说“盛着食物的碗碟，整齐有序地排在桌上”，以此来称赞周公把国家治理得井然有序。而指责凡伯时，则说“别人都吃粗粮，而这种人却能吃细粮”，以此来表达对凡伯治国无方的厌恶。两者都以饮食来比喻治国的成败，可见古人对饮食是多么重视。其他经典中也有不少提到饮食的地方，如《周易》中提到用鼎来烹煮食物，《尚书》中提到了作为调味品的盐和梅子，《乡党》和《内则》之中也有一些关于饮食的论述。孟子虽然看不起那些只知道吃吃喝喝的人，但他同样认为，饥渴之人并不能真正体会到饮食本身的滋味，因为饿坏了肚子的人吃什么都觉得是美味。可见，任何事情要做得好，都不是那么容易的。《中庸》写道：“没有人是不吃喝的，但很少有人能真正懂得食物的美味。”《典论》写道：“一代地位尊贵的人，懂得建造舒适房屋的道理；而只有三代都地位尊贵的人，才真正懂得着装饮食之道。”古人祭祀时，进献鱼及分割动物肺器的方法都是有一定规矩的，来不得半点马虎。孔子跟别人一起唱歌，别人唱得好时，孔子一定要请他再唱一遍，之后自己也跟着和唱。圣人对于唱歌这种小小的技艺，都能虚心向别人学习。

我非常敬仰这种精神，每次在别人家吃到可口的饭菜，一定让自家的厨师到他家的厨房，向做出好菜的厨师拜师，学习厨艺。四十年来，我搜集了众多烹饪技艺，其中有一些已完全掌握，有的只学到了六七成，有的仅仅学会了两三成，也有的已完全失传。对于这些美食，我都询问了它们的烹饪方法，集合并记录了下来。虽然有些烹饪方法记载得并不是很清楚，但我也记下了它们出自谁家，以表达我的仰慕之情。我认为，要虚心学习，就应该这样做。当然，记载的烹饪方法是死的，而厨师是活的，技艺娴熟的厨师不会受到这些僵硬的技法的限制，而且即使是名家的作品，也会有一些错误的地方，所以不能只在旧书堆里寻找方法。但是，如果能按旧书上说的方法去做，终归也不会出现什么大的错误，临时置办宴席，也可以依照这些烹饪之法，做出一些可以说得出名堂来的菜。

有人会说："人心各不相同，就像人的长相各不相同一样。您怎么能肯定别人的口味跟您的一样？"我回答："按照既定的方法去做，相差就不会太远。就像拿着一个斧柄去重新砍出一个斧柄，只要对照着手里那个斧柄的样子去砍就行了。我虽然不能强求大家的口味都跟我一样，但不妨把我的想法告诉别人。饮食虽然是小事，但能与他人共享，也算是尽了忠恕之道，我也没有什么可感到遗憾的了。”至于《说郛》中所记载的关于饮食的三十多处论述，陈继儒和李渔也有饮食方面的著述。我曾经尝试照着所记载的方法去做，但做出来的菜味道刺鼻，难以下咽，多半是浅薄无聊的文人所汇集的牵强附会的说法，就不收入我的书中了。

须知单

学问之道，先知而后行。饮食亦然，作《须知单》。

译文： 求知求善，应先认识它，而后再去践行。饮食也是如此，所以写了《须知单》。

先天须知

凡物各有先天，如人各有资禀。人性下愚，虽孔、孟教之，无益也；物性不良，虽易牙烹之，亦无味也。指其大略：猪宜皮薄，不可腥臊；鸡宜骟嫩，不可老稚；鲫鱼以扁身白肚为佳，乌背者，必崛强于盘中；鳗鱼以湖溪游泳为贵，江生者，必槎丫其骨节；谷喂之鸭，其膘肥而白色；壅土之笋，其节少而甘鲜；同一火腿也，而好丑判若天渊；同一台鲞也，而美恶分为冰炭；其他杂物，可以类推。大抵一席佳肴，司厨之功居其六，买办之功居其四。

译文： 世间万物都有它们与生俱来的品质与特性，就如同人都有各自的资质禀赋一样。如果一个人过于愚笨，那就算是孔子、孟子来教他，恐怕也是无能为力的。同样地，食材质量不佳，就算是易牙这样的名厨来了，也很难把它们做成好菜。怎样才算好食材？大体上来看：猪肉应当皮薄一点，不宜带有腥臊气；鸡肉最好取自鲜嫩的骟鸡或童子鸡，不宜选用太老或太小的鸡；选取的鲫鱼最好是扁身白肚子的，而乌背的鲫鱼，脊骨较粗，会僵硬地凸起在盘子中，没有食相，倒人胃口；在湖泊和溪流中生活的鳗鱼最好，生活在江水中的鳗鱼，鱼刺硬且错乱，就像树枝一样；用谷物喂养的鸭子，长得又白又肥；在肥沃的土壤中生长出来的竹笋，竹节少，味道又鲜美；即使同为火腿，不同的火腿的质量也会有天壤之别；台鲞也是如此，不同的品质有如冰和炭一样差别巨大。其他的各种食材，都可依此类推。所以说，大体上做出一桌美味佳肴，负责烹饪的厨师的功劳占六成，而采购食材的人的功劳则占了四成。

作料须知

厨者之作料，如妇人之衣服首饰也。虽有天姿，虽善涂抹，而敝衣蓝缕，西子亦难以为容。善烹调者，酱用伏酱，先尝甘否；油用香油，须审生熟；酒用酒酿，应去糟粕；醋用米醋，须求清冽。且酱有清浓之分，油有荤素之别，酒有酸甜之异，醋有陈新之殊，不可丝毫错误。其他葱、椒、姜、桂、糖、盐，虽用之不多，而俱宜选择上品。苏州店卖秋油，有上、中、下三等。镇江醋颜色虽佳，味不甚酸，失醋之本旨矣。以板浦醋为第一，浦口醋次之。

译文： 厨师手中的作料，如同女人穿戴的衣服和首饰一样。一个美若天仙又善于化妆的女子，如果她穿着破烂的衣服，即便这个女子是西施，也难以展现她的美貌。善于烹调的人，选酱就选三伏天制作的伏酱，在用酱之前，先要尝一尝它的味道是否甘美；选油时，则选用芝麻香油，还要鉴别一下油是生油还是熟油；以酒做调料时，则会选用江米酒，还需要把酿制产生的酒渣滤掉；醋则会选用米醋，并要求它澄清不混浊。此外，酱还有清淡与浓烈之分，油有荤与素的差别，酒有味道的酸与甜的差异，醋也有陈醋和新醋的不同，使用的时候，要谨慎地选择，不能有丝毫的差错。其他的调味品，如葱、椒、姜、桂皮、糖、盐等，虽然用得不多，但仍需选用质量上好的。苏州店所卖的秋油，根据质量，分为上、中、下三个等级。镇江醋虽然颜色好看，但酸味不太足，失掉了醋所应有的特色。所以，醋最好吃的还是板浦醋，其次为浦口醋。

洗刷须知

洗刷之法，燕窝去毛，海参去泥，鱼翅去沙，鹿筋去臊。肉有筋瓣，剔之则酥；鸭有肾臊，削之则净；鱼胆破，而全盘皆苦；鳗涎存，而满碗多腥；韭删叶而白存，菜弃边而心出。《内则》曰："鱼去乙，鳖去丑。"此之谓也。谚云："若要鱼好吃，洗得白筋出。"亦此之谓也。

译文： 对食材进行清洁要讲究方法，清洗燕窝的时候要把窝中的燕毛拣干净，海参中的泥要冲掉，鱼翅中粘着的沙子要洗掉，鹿筋食用前则要去掉臊味。猪肉中有筋瓣，只有把它们都剔去，猪肉才会烧得酥透；鸭子肾臊味重，把它割去之后，臊味会消失；做鱼时，鱼胆破了，整个菜都会变苦；鳗鱼身上的黏液如果不清洗干净，满盘菜都会被腥味占据；吃韭菜时应该去掉叶子只留下韭白；青菜要去掉边缘部分，只留下菜心。《内则》中写道："吃鱼要去掉鱼目旁的骨头，吃鳖要去掉鳖的肛门。"讲的就是清洁食材的方法。俗话说："要想把鱼做得好吃，就要把白筋洗出来。"说的就是这个道理。

调剂须知

调剂之法，相物而施。有酒、水兼用者，有专用酒不用水者，有专用水不用酒者；有盐、酱并用者，有专用清酱不用盐者，有用盐不用酱者；有物太腻，要用油先炙者；有气太腥，要用醋先喷者；有取鲜必用冰糖者；有以干燥为贵者，使其味入于内，煎炒之物是也；有以汤多为贵者，使其味溢于外，清浮之物是也。

译文： 调剂食物的方法，根据食物的不同而有所差别。有的菜必须和酒、水一起烧制，有的菜只用酒不用水，而有的菜则只用水不用酒；而有的菜需要和盐、清酱一起烧制，有的菜只用清酱不用盐，有的菜则只用盐不用清酱；有的食物过于油腻，必须先用油炸一下，出出肥油；有的食物腥气太重，要先用醋喷一下，去去腥味；有的食物需要用冰糖去腥气，把食物的香味提出来；有的菜干一点为好，能让食物的味道充分浸入其中，煎炒的菜多是用的这个方法；有的菜汤多一点为好，能使食物的美味溢出来，那种清汤且使食物漂浮在汤面上的菜就是用的这个方法。

配搭须知

谚曰："相女配夫。"《记》曰："儗人必于其伦。"烹调之法，何以异焉？凡一物烹成，必需辅佐。要使清者配清，浓者配浓，柔者配柔，刚者配刚，方有和合之妙。其中可荤可素者，蘑菇、鲜笋、冬瓜是也。可荤不可素者，葱、韭、茴香、新蒜是也。可素不可荤者，芹菜、百合、刀豆是也。常见人置蟹粉于燕窝之中，放百合于鸡、猪之肉，毋乃唐尧与苏峻对坐，不太悖乎？亦有交互见功者，炒荤菜用素油，炒素菜用荤油是也。

译文： 俗话说："什么样的女子要配什么样的丈夫。"《礼记》中也写道："要对一个人进行评判，必须从这个人的同类人中寻找对比者。"对烹调的方法来说，这个道理难道不适用吗？要做好一道菜，必须要有合适的材料进行搭配。味道清淡的菜，要有清淡的配料进行搭配；浓烈的菜，要有浓烈的配料搭配；而较柔和的菜，要有柔和的配料搭配；同样地，刚硬的菜式，要有刚硬的配料搭配，只有做到这些，才能做出和美的菜肴。有些菜，既可以与荤搭配，也可以与素搭配，如蘑菇、鲜笋、冬瓜；有些菜可以与荤搭配，却不可以与素搭配，如葱、韭菜、茴香、新蒜；而有些菜可以与素搭配，却不可以与荤搭配，如芹菜、百合、刀豆。经常可以看到有人把蟹粉放到燕窝之中，把百合放到鸡肉或猪肉之中，这种搭配方式，就如同远古时期的唐尧和西晋的苏峻两人对坐，太过荒谬！也有荤素交互使用的情况，如炒荤菜时用素油，或者炒素菜时用荤油，荤素搭配可以使菜肴吸取两者的长处，效果更好。

独用须知

味太浓重者，只宜独用，不可搭配。如李赞皇、张江陵一流，须专用之，方尽其才。食物中，鳗也，鳖也，蟹也，鲥鱼也，牛羊也，皆宜独食，不可加搭配。何也？此数物者味甚厚，力量甚大，而流弊亦甚多，用五味调和，全力治之，方能取其长而去其弊，何暇舍其本题，别生枝节哉？金陵人好以海参配甲鱼，鱼翅配蟹粉，我见辄攒眉。觉甲鱼、蟹粉之味，海参、鱼翅分之而不足；海参、鱼翅之弊，甲鱼、蟹粉染之而有余。

译文： 自身味道太浓太重的食物，只适合单独食用，不适合与其他食物搭配。这就如同李绛、张居正这类性格刚烈又精明能干的人，对于他们，要单独使用，才能充分发挥他们的才能；同样地，食物中，鳗鱼、鳖、蟹、鲥鱼、牛羊肉等，都应该单独食用，做菜时不能搭配其他食物。为什么呢？因为它们味道都比较浓厚，单独做成菜就可以了。同时，这些食物的缺点也不少，需要用五味来调和，尽心调制，才能把它们的美味留下来，去掉不鲜美的味道，这种情况下，哪有闲工夫去舍弃它们本身的味道，而去考虑搭配其他食物呢？南京人喜欢用海参搭配甲鱼，用鱼翅搭配蟹粉，我见后不禁皱起了眉头。甲鱼、蟹粉的味道，不足以分给海参和鱼翅；而海参和鱼翅身上不好的味道，污染甲鱼和蟹粉的美味却绰绰有余。

火候须知

熟物之法，最重火候。有须武火者，煎炒是也；火弱则物疲矣。有须文火者，煨煮是也；火猛则物枯矣。有先用武火而后用文火者，收汤之物是也；性急则皮焦而里不熟矣。有愈煮愈嫩者，腰子、鸡蛋之类是也。有略煮即不嫩者，鲜鱼、蚶蛤之类是也。肉起迟则红色变黑，鱼起迟则活肉变死。屡开锅盖，则多沫而少香。火熄再烧，则走油而味失。道人以丹成九转为仙，儒家以无过、不及为中。司厨者，能知火候而谨伺之，则几于道矣。鱼临食时，色白如玉，凝而不散者，活肉也；色白如粉，不相胶粘者，死肉也。明明鲜鱼，而使之不鲜，可恨已极。

译文： 对于烹饪来说，最重要的是掌握好火候。有的菜必须要用猛火，如煎炒的菜；火力太弱，菜就会变得疲弱，没有味道。而有的菜则必须要用微火烧制，如煨煮的菜；火力太猛，就会使食物变枯干。有的菜需要先用猛火烧制，然后再转用微火，把汤汁存入菜中的食物就需要用这种方法；如果太性急，食物的外皮会焦掉，但内里却还没熟透。有些菜会越煮越嫩，腰子和鸡蛋就属于这一类。有些菜稍微煮一下，肉质就会变老，不再鲜嫩，鲜鱼、蚶、蛤之类的就是如此。猪肉和鱼肉出锅都要及时，猪肉出锅迟了，肉就不再鲜红，而会变成黑色；鱼肉出锅迟了，鲜嫩的鱼肉就会变成死肉。烹饪时，如果屡次打开锅盖，锅内的香味就会变少，而菜上的泡沫反而会增多；如果在熄火之后再烧制，菜会走油，香味也会失掉。道家炼丹，需要经过反反复复地多次提炼，才能炼成仙丹；而儒家也讲究做事既不要过头，也不要做得不够，中庸为恰到好处。掌勺的厨师，如果做菜的时候能对火候了然于胸，并且能谨慎地掌控住，那他就大体掌握了烹饪之道。鱼肉出锅之后，如果它色白如玉，凝而不散，那就是鲜活的鱼肉；而如果它色白如粉，肉松松垮垮的，那它就变成了死肉。把鲜美的鱼做成死肉，真是可恨之极。

色臭须知

目与鼻，口之邻也，亦口之媒介也。嘉肴到目、到鼻，色臭便有不同。或净若秋云，或艳如琥珀，其芬芳之气，亦扑鼻而来，不必齿决之，舌尝之，而后知其妙也。然求色不可用糖炒，求香不可用香料。一涉粉饰，便伤至味。

译文： 眼睛和鼻子，既是嘴的近邻，同时也是嘴巴的媒介。美味佳肴放在人的眼睛和鼻子前边，使人感受到的颜色和气味，就跟普通菜的颜色和气味大不相同。有的如秋云般明净，有的如琥珀般艳丽，而它芬芳的气味，也会扑鼻而来，不必用牙齿咬，也不必用舌头尝，便可知道它有多么美味。但是，要给食物配上好看的颜色，不要用糖炒；要让食物气味清香，也不要用香料。一旦刻意修饰，食物原有的美味就会被破坏。

迟速须知

凡人请客，相约于三日之前，自有工夫平章百味。若斗然客至，急需便餐；作客在外，行船落店，此何能取东海之水，救南池之焚乎？必须预备一种急就章之菜，如炒鸡片、炒肉丝、炒虾米豆腐，及糟鱼、茶腿之类，反能因速而见巧者，不可不知。

译文： 大凡是要请客的，一般都在请客的三天前就约好，这样主人就会有充足的时间准备各式各样的食物。如果客人突然来了，就急需做一些简便的饭菜；或者作客他乡，乘船住店，这种情况下，就不能靠取东海的水，来扑灭遥远的南池的火了。必须要预备一种可以拿来应急的菜肴，比如炒鸡片、炒肉丝、炒虾米豆腐，以及糟鱼、茶腿，等等。这种菜因为对烧制的时间和速度都有很大的限制，反而能显出厨师的烹饪水平，厨师们对此都要有所了解。

变换须知

一物有一物之味，不可混而同之。犹如圣人设教，因才乐育，不拘一律，所谓君子成人之美也。今见俗厨，动以鸡、鸭、猪、鹅，一汤同滚，遂令千手雷同，味同嚼蜡。吾恐鸡、猪、鹅、鸭有灵，必到枉死城中告状矣。善治菜者，须多设锅、灶、盂、钵之类，使一物各献一性，一碗各成一味。嗜者舌本应接不暇，自觉心花顿开。

译文： 每种食物都有自己独特的滋味，不可以将它们混成一类，一起烹调。这就如同圣人办学校，注重因材施教，对不同的人用不一样的教育手段，这就是所谓的君子成人之美。当今，会看到很多水平平庸的厨子，动不动就把鸡、鸭、猪、鹅等放在一个锅里一起煮。大家都这样，所有的菜都一个味，吃的人会感觉味同嚼蜡。假使鸡、猪、鹅、鸭死后有灵魂的话，它们一定会到枉死城去告冤状！因此善于烹饪的厨师，必须多备一些锅、灶、盂、钵之类的器具，使每种食物都保留各自的特性，每一碗菜都有各自的滋味。热爱美食的人面对各种菜，舌头都停不下来，自然会心花怒放。

器具须知

古语云：美食不如美器。斯语是也。然宣、成、嘉、万，窑器太贵，颇愁损伤，不如竟用御窑，已觉雅丽。惟是宜碗者碗，宜盘者盘，宜大者大，宜小者小 ，参错其间，方觉生色。若板板于十碗八盘之说，便嫌笨俗。大抵物贵者器宜大，物贱者器宜小；煎炒宜盘，汤羹宜碗；煎炒宜铁锅，煨煮宜砂罐。

译文： 古语说："美食不如美器。"这句话说得很对。但是明宣德、成化、嘉靖、万历年间烧制的瓷器都太贵重，使用它们，会担心有所破损。不如就使用御窑所生产的瓷器，也有雅致秀丽之感。只是要注意，该用碗的时候就用碗，该用盘子的时候就用盘子，该用大的的时候就用大的，该用小的的时候就用小的，各式各样的器具交错在饭桌上，才会给饭菜增色。如果拘泥于呆板的十大碗、八大盘的规矩，就会给人以愚蠢粗俗之感。大体来说，盛放比较珍贵的食物的器具要大一些，盛放比较便宜的食物的器具要小一些；煎炒的食物适合用盘子装，而汤羹则适合用碗装；煎炒需要用铁锅，煨煮则需要用砂罐。

上菜须知

上菜之法：盐者宜先，淡者宜后；浓者宜先，薄者宜后；无汤者宜先，有汤者宜后。且天下原有五味，不可以咸之一味概之。度客食饱，则脾困矣，须用辛辣以振动之；虑客酒多，则胃疲矣，须用酸甘以提醒之。

译文： 上菜有一定的技巧：味咸的菜先上，味淡的菜后上；味道浓厚的菜先上，味道寡淡的菜后上；没有汤的菜先上，有汤的菜后上。天下的菜肴本来就包括了酸、甜、苦、辛、咸五种味道，不能单以咸味概括。估计客人已经吃饱了，脾脏也困乏了，这时需要用辛辣的食物来刺激一下食欲；考虑到客人酒喝多了，胃脏有些疲惫了，这时则需要用有酸味或甜味的食物来提提神。

时节须知

夏日长而热，宰杀太早，则肉败矣。冬日短而寒，烹饪稍迟，则物生矣。冬宜食牛羊，移之于夏，非其时也。夏宜食干腊，移之于冬，非其时也。辅佐之物，夏宜用芥末，冬宜用胡椒。当三伏天而得冬腌菜，贱物也，而竟成至宝矣。当秋凉时而得行鞭笋，亦贱物也，而视若珍馐矣。有先时而见好者，三月食鲥鱼是也。有后时而见好者，四月食芋艿是也。其他亦可类推。有过时而不可吃者，萝卜过时则心空，山笋过时则味苦，刀鲚过时则骨硬。所谓四时之序，成功者退，精华已竭，褰裳去之也。

译文： 夏季，白天长且天气热，牲畜宰杀得过早，肉就容易腐坏变质。而到了冬季，白天短且天气寒冷，烹饪的火候过短，食物很难熟透。牛羊肉适合在冬天食用，夏天食用的话就是不合时宜。干腊等肉制品适合在夏天食用，冬天食用的话也是不合时宜的。而对于调味品，夏天适宜用芥末，冬天适宜用胡椒。冬天的腌菜，虽然是廉价的，但是在三伏天食用，就会给人如获至宝的感觉。行鞭笋也是比较廉价的食品，但在秋凉时节食用，也会被视作珍贵又美味的食物。有的食物在时令前食用会更加美味，如鲥鱼一般在四月上市，但三月吃会更加鲜嫩。有的食物则在时令之后吃会更加美味，如四月食用芋头。还有很多食物也是如此。有的食物过了时节就不能再吃了，萝卜过了时节就会空心，山笋过了时节味道就会变苦，刀鲚过了时节骨头就会变硬。世间万物的生长都遵从四时之序，已经长到可以食用的时节，却没有吃，它们的精华就会耗尽，就像演出完的演员提起戏装退出舞台一样。

多寡须知

用贵物宜多，用贱物宜少。煎炒之物多，则火力不透，肉亦不松。故用肉不得过半斤，用鸡、鱼不得过六两。或问：食之不足，如何？曰：俟食毕后另炒可也。以多为贵者，白煮肉，非二十斤以外，则淡而无味。粥亦然，非斗米则汁浆不厚，且须扣水，水多物少，则味亦薄矣。

译文： 烹饪时，价钱高的食材用量要多一点，而便宜的少一点。需要煎炒的食物，用量过多，火力炒不透它，肉也不会松软。所以，一般的菜肴，猪肉的用量不能超过半斤，鸡肉和鱼肉的用量不能超过六两。有的人或许会问：菜量太少，不够吃怎么办呢？我会回答：不够吃的话，等吃完了再炒就是了。有的菜肴，原料多了才能做出美味佳肴，白煮肉就是这样，做白煮肉时，没有二十斤以上的肉，菜就会清淡且没有味道。熬粥也是这样的，没有一斗米，汁浆就不够黏稠；而且熬粥也要控制用水量，水多米少，粥的味道就会淡薄。

洁净须知

切葱之刀，不可以切笋；捣椒之臼，不可以捣粉。闻菜有抹布气者，由其布之不洁也；闻菜有砧板气者，由其板之不净也。“工欲善其事，必先利其器。”良厨先多磨刀，多换布，多刮板，多洗手，然后治菜。至于口吸之烟灰，头上之汗汁，灶上之蝇蚁，锅上之烟煤，一玷入菜中，虽绝好烹庖，如西子蒙不洁，人皆掩鼻而过之矣。

译文： 切过葱的刀，不可以再用来切笋；捣过辣椒的臼，不可以再用来捣粉。菜中能闻出有抹布味，是由于抹布没有清洗干净。菜中能闻出有砧板味，是由于砧板没有擦拭干净。“一个工匠要把他的工作做好，一定要先把自己的工具准备好。”一个好的厨师，在做菜前会勤磨菜刀，多次换抹布，经常刮擦砧板，勤洗手，这之后才开始做菜。而吸烟产生的烟灰、头上冒出的汗、灶台上的苍蝇蚂蚁、锅上的烟煤，一旦落进菜肴内，即使再美味的饭菜，也会像西施沾上了污秽之物一样，人们都会捂着鼻子嫌弃地走开。

用纤须知

俗名豆粉为纤者，即拉船用纤也，须顾名思义，因治肉者要作团而不能合，要作羹而不能腻，故用粉以牵合之。煎炒之时，虑肉贴锅，必至焦老，故用粉以护持之。此纤义也。能解此义用纤，纤必恰当，否则乱用可笑，但觉一片糊涂。《汉制考》：齐呼曲麸为媒，媒即纤矣。

译文： 我们一般把豆粉称为纤，就好比拉船用的纤绳。这要从它的字面意思来理解，要做肉团却很难把肉黏合在一起，要做羹却不能使之浓稠，这时候就需要用豆粉来使之黏合起来了，就像纤绳的作用一样。煎炒的时候，担心肉会贴到锅上，从而烧焦，所以需要用豆粉裹在肉的表面，保护鲜肉不会粘到锅上。这就是豆粉在烹饪时的用处。能理解豆粉这种用处的厨师，肯定能把豆粉用得恰到好处。而乱用豆粉，就会闹出笑话，让人看了一塌糊涂。《汉制考》记载，齐国人称曲麸为媒，而媒就是纤的意思。

选用须知

选用之法，小炒肉用后臀，做肉圆用前夹心，煨肉用硬短勒。炒鱼片用青鱼、季鱼，做鱼松用鲜（同“鲩”）鱼、鲤鱼。蒸鸡用雏鸡，煨鸡用骟鸡，取鸡汁用老鸡；鸡用雌才嫩，鸭用雄才肥。莼菜用头，芹韭用根，皆一定之理，余可类推。

译文： 选用食料需要一定的方法。小炒肉要选用猪腿紧靠后臀部位的肉，做肉圆要用前夹心肉，煨肉则要用五花肉。做炒鱼片要用青鱼或鳜鱼，做鱼松则要用鲜鱼或鲤鱼。蒸鸡要用雏鸡，煨鸡要用阉割掉的鸡，提取鸡汁要用老母鸡。母鸡鲜嫩，雄鸭肥美。莼菜要采摘顶端的嫩叶，而芹菜和韭菜则要食用根茎，这些都是有理可循的。其他的选择食材的方法也可依此类推。

疑似须知

味要浓厚，不可油腻；味要清鲜，不可淡薄。此疑似之间，差之毫厘，失之千里。浓厚者，取精多而糟粕去之谓也。若徒贪肥腻，不如专食猪油矣。清鲜者，真味出而俗尘无之谓也。若徒贪淡薄，则不如饮水矣。

译文： 菜肴的味道要浓厚，但不要油腻；味道要清鲜，但不要淡薄。要真正理解掌握这项准则，并不是一件容易的事，稍有偏差，菜的味道就会差之千里。菜味浓厚，就是说要撷取精华而去掉糟粕。如果只是贪图肥腻的味觉，那就只吃猪油好了。而菜味清鲜，则是指保留食物的本味而不沾染上杂味。如果只是喜欢淡薄寡味，那就只喝白开水好了。

补救须知

名手调羹，咸淡合宜，老嫩如式，原无需补救。不得已为中人说法，则调味者，宁淡毋咸；淡可加盐以救之，咸则不能使之再淡矣。烹鱼者，宁嫩毋老，嫩可加火候以补之，老则不能强之再嫩矣。此中消息，于一切下作料时，静观火色，便可参详。

译文： 名厨烹制饭菜，咸淡相宜，老嫩适中，口味最佳，无须后续再进行补救。但对厨艺一般的厨师，还需要就补救的技巧做一些说明。在调味的时候，宁可味道调淡一点，也不要调得过咸，淡了还可以再加盐补救，咸了就淡不回去了。做鱼时，宁可烧得嫩一些，也不要烧老，嫩了还可以多烧一会儿来补救，老了就不能再强迫肉变嫩了。关键在于，各种作料下锅时，要仔细观察火候的变化，这样就能明白其中的道理了。

本份须知

满洲菜多烧煮，汉人菜多羹汤，童而习之，故擅长也。汉请满人，满请汉人，各用所长之菜，转觉入口新鲜，不失邯郸故步。今人忘其本分，而要格外讨好，汉请满人用满菜，满请汉人用汉菜，反致依样葫芦，有名无实，画虎不成反类犬矣。秀才下场，专作自己文字，务极其工，自有遇合。若逢一宗师而摹仿之，逢一主考而摹仿之，则掇皮无真，终身不中矣。

译文： 满洲菜大多用烧煮的做法，汉人菜则以羹汤为主，他们从儿童时期就习惯各自的菜式，所以都很擅长各自的做法。汉人宴请满人，或者满人宴请汉人，他们各用自己所擅长的菜式，反而让客人觉得清鲜美味，不会失掉自己的饮食特色。现在的人却常常忘掉保持自己的饮食特色，而刻意去讨好宾客，汉人宴请满人时做满洲菜，满人宴请汉人时做汉人菜，导致依样画葫芦，反而没有做出对方菜式的特色，徒有其名，遭人耻笑。秀才进了考场，专心做好自己的文章，用心雕琢，自然会遇到赏识自己的人。如果一味地模仿，遇到宗师就模仿宗师，遇到考官就模仿考官，这样只能学到皮毛，一辈子都难以考中。

戒单

为政者兴一利，不如除一弊，能除饮食之弊，则思过半矣。作《戒单》。

译文： 从政的人为人民做一件好事，不如除掉一个弊端。而在饮食方面，能除掉其中的弊端，也就对饮食之道悟透一大半了。因此写了《戒单》一章。

戒外加油

俗厨制菜，动熬猪油一锅，临上菜时，勺取而分浇之，以为肥腻。甚至燕窝至清之物，亦复受此玷污。而俗人不知，长吞大嚼，以为得油水入腹，故知前生是饿鬼投来。

译文： 水平不高的厨师做菜，动不动就要熬一锅猪油，临上菜时，用勺子把油舀出，分别浇在各种菜上，认为这样会给菜增加肥腻之感。甚至连燕窝这种非常清淡的食物，都免不了被猪油玷污。一般人也不甚了解，大口吞咽，以为可以多吃点油水入肚，简直就像饿鬼投胎转世来的。

戒同锅熟

同锅熟之弊，已载前“变换须知”一条中。

译文： 把不同食物放在一个锅里共同烧制的弊端，已经在前一章“变换须知”一条中做了说明。

戒耳餐

何谓耳餐？耳餐者，务名之谓也，贪贵物之名，夸敬客之意，是以耳餐，非口餐也。不知豆腐得味，远胜燕窝；海菜不佳，不如蔬笋。余尝谓鸡、猪、鱼、鸭，豪杰之士也，各有本味，自成一家；海参、燕窝，庸陋之人也，全无性情，寄人篱下。尝见某太守宴客，大碗如缸，白煮燕窝四两，丝毫无味，人争夸之。余笑曰：“我辈来吃燕窝，非来贩燕窝也。”可贩不可吃，虽多奚为？若徒夸体面，不如碗中竟放明珠百粒，则价值万金矣，其如吃不得何？

译文： 什么是耳餐？耳餐就是只看重食物的名声，贪念食物的贵重，为主人增添“敬客”的虚名而已，这是给耳朵准备的菜肴，而不是为嘴巴准备的。要知道，如果把豆腐烧制得入味，它的美味远胜过昂贵的燕窝；海菜虽然贵重，如果做得不好，还不如普通的蔬菜和竹笋。我曾经把鸡、猪、鱼、鸭称为菜中豪杰，因为它们各有独特的味道，可以各自成为一道佳肴；而海参和燕窝则如同食物界的庸俗鄙陋之辈，没有自己的味道，需要靠与其他食物搭配成菜。曾经有一位太守宴请宾客，用的碗像缸一样大，碗中盛着四两水煮燕窝，燕窝一点味道都没有，客人却争相夸赞。我笑着说："我们是来吃燕窝的，不是来贩卖燕窝的。"那么多燕窝就如同贩卖它一样，但如果做得不好吃，就算再多又有什么用？如果仅仅是为了追求一种很体面的感觉，不如在碗中放上百十粒明珠，就算是无价之宝，不能吃又怎样？

戒目食

何谓目食？目食者，贪多之谓也。今人慕"食前方丈"之名，多盘叠碗，是以目食，非口食也。不知名手写字，多则必有败笔；名人作诗，烦则必有累句。极名厨之心力，一日之中，所作好菜不过四五味耳，尚难拿准，况拉杂横陈乎？就使帮助多人，亦各有意见，全无纪律，愈多愈坏。余尝过一商家，上菜三撤席，点心十六道，共算食品将至四十余种。主人自觉欣欣得意，而我散席还家，仍煮粥充饥，可想见其席之丰而不洁矣。南朝孔琳之曰："今人好用多品，适口之外，皆为悦目之资。"余以为肴馔横陈，熏蒸腥秽，目亦无可悦也。

译文： 什么叫目食？目食，就是贪图菜品的数量。现在的人都羡慕菜品众多、菜式奢华的虚名，满桌菜肴，盘子和碗都挤不开了，但这只是给眼睛吃的饭席，并不是给嘴巴吃的。要知道，即使是有名的书法家，字写多了也会出现败笔；即使是名诗人作诗，写的诗句多了也会出现多余的、失败的句子。同理，一位名厨就算用尽心力，一天之内能做出的好菜也不过四五道，这已经是很难得的了，何况还要应付摆放得乱七八糟的桌席。即使有很多助手，但助手之间对菜肴的理解也各不相同，这就会使一桌菜变得毫无章法，助手越多效果越差。我曾经到一位商人家中赴宴，席间上菜换了三次席，上了十六道点心，算起来总共有四十多道菜。主人为菜品种类之多而扬扬得意，而我在散席回家之后，仍要靠自己煮粥来充饥，可以想见饭席虽然丰盛，品位却很低。南朝孔琳之曾说过："现如今人们都喜好饭席上菜品的数量众多，但除了有几样可口的菜肴外，其他的多是拿来悦目的装饰品。"我觉得，一大堆菜混杂地摆在饭桌上，气味也变得污秽不堪，眼睛怎么会感到舒服呢？

戒穿凿

物有本性，不可穿凿为之，自成小巧。即如燕窝佳矣，何必捶以为团？海参可矣，何必熬之为酱？西瓜被切，略迟不鲜，竟有制以为糕者。苹果太熟，上口不脆，竟有蒸之以为脯者。他如《遵生八笺》之秋藤饼，李笠翁之玉兰糕，都是矫揉造作，以杞柳为杯棬，全失大方。譬如庸德庸行，做到家便是圣人，何必索隐行怪乎？

译文： 食物都有自己的特性，是什么样的食物就应该做成什么样的菜，不可以把它们做成不符合各自特性的菜式，顺其自然，效果最佳。燕窝本来就是好东西，何必要捶成团之后再吃？海参也是好东西，可何必要把它做成酱？切开西瓜之后，吃得稍微晚一点都会变得不新鲜，而竟然有人把西瓜制成糕点。熟透了的苹果，吃到嘴里感觉不到脆，竟然还有人把它制成果脯。其他的如《遵生八笺》记载的秋藤饼，李渔所说的玉兰糕，烹制这些食物是做作又没有意义的，就像要把杞柳制成杯子一样，失去了原有的自然大方的本性。一个人要做圣人，把日常生活中的道德准则遵守好，他就是圣人了，何必要去追求一些隐秘又稀奇古怪的行为呢？

戒停顿

物味取鲜，全在起锅时极锋而试，略为停顿，便如霉过衣裳，虽锦绣绮罗，亦晦闷而旧气可憎矣。尝见性急主人，每摆菜必一齐搬出。于是厨人将一席之菜，都放蒸笼中，候主人催取，通行齐上。此中尚得有佳味哉？在善烹饪者，一盘一碗，费尽心思；在吃者，卤莽暴戾，囫囵吞下，真所谓得哀家梨，仍复蒸食者矣。余到粤东，食杨兰坡明府鳝羹而美，访其故，曰："不过现杀现烹，现熟现吃，不停顿而已。"他物皆可类推。

译文： 菜肴的鲜美，全在刚烧制完成的那一刻，吃得稍微晚一点，菜就像发了霉的衣服，即使是优质的锦罗绸缎做的，也会因为霉气太重而令人厌烦。我在做客时曾见过性子比较急的主人，每次请客，总是要把所有的菜同时摆上桌。于是厨师只好把一桌子的菜都先放到蒸笼之中，等候主人要求时再把它们一起端上桌。蒸笼里的菜，大概也剩不下什么美味佳肴了吧。善于烹饪的厨师总是要精心准备饭菜，一盘一碗，费尽心思；而吃的人却粗暴地囫囵吞下，不知道细细品味，就好像是吃哀家梨一样，本来就很好吃的梨，非要蒸了再吃。我到粤东杨国霖县令家去做客，吃到了他家美味的鳝鱼羹，我问他为什么他们家做的鳝鱼羹这么好吃，他回答："不过是现杀现做，现煮现吃，没有停顿过罢了。”对于其他食物，“现杀现做，现煮现吃”的道理也是同样适用的。

戒暴殄

暴者不恤人功，殄者不惜物力。鸡、鱼、鹅、鸭，自首至尾，俱有味存，不必少取多弃也。尝见烹甲鱼者，专取其裙而不知味在肉中；蒸鲥鱼者，专取其肚而不知鲜在背上。至贱莫如腌蛋，其佳处虽在黄不在白，然全去其白而专取其黄，则食者亦觉索然矣。且予为此言，并非俗人惜福之谓，假使暴殄而有益于饮食，犹之可也。暴殄而反累于饮食，又何苦为之？至于烈炭以炙活鹅之掌，剸刀以取生鸡之肝，皆君子所不为也。何也？物为人用，使之死可也，使之求死不得不可也。

译文： 残暴的人不懂得体恤人力，爱糟蹋东西的人不知道珍惜食物。鸡、鱼、鹅、鸭，从头到尾，都有各自的滋味，不应该只吃一小部分，而把大部分扔掉。我曾见过烹甲鱼时只吃甲鱼的裙边的人，却不知道甲鱼的美味在肉中；也有人在烹制鲥鱼时，只吃肚子上的肉，而不知鲥鱼的鲜美在鱼背上。最常见的就是腌蛋，虽然腌蛋最好吃的部分是蛋黄，而不是蛋白，但如果只吃蛋黄不吃蛋白的话，也会觉得索然无味。我说这些话，并不是为了使自己惜福积德，如果糟蹋食物有助于饮食的话，暴殄也是可以的。但糟蹋食物不仅对饮食没有好处，反而对食物的美味有所损害，既然如此，又何必要这样做呢？而那些用炭火炙烤活鹅掌，用尖刀取活鸡肝的行为，都是为人所唾弃的。为什么呢？因为动物是给人食用的，宰杀它们是必须的，但让它们活活受折磨，这就不行了。

戒纵酒

事之是非，惟醒人能知之；味之美恶，亦惟醒人能知之。伊尹曰："味之精微，口不能言也。"口且不能言，岂有呼呶酗酒之人，能知味者乎？往往见拇战之徒，啖佳菜如啖木屑，心不存焉。所谓惟酒是务，焉知其余，而治味之道扫地矣。万不得已，先于正席尝菜之味，后于撤席逞酒之能，庶乎其两可也。

译文： 只有头脑清醒的人，才能分辨是非；同样地，也只有头脑清醒的人，才能品尝出食物味道的好坏。伊尹说过：

"食物美味的微妙之处，是用语言表达不出来的。"清醒的人尚且难以用语言表达清楚，那些纵酒喊闹的人，岂不是更不知道食物的滋味了？经常可以看到，那些喜好喝酒猜拳的酒徒，美味佳肴在他们嘴里就像木屑一样，他们的心根本就没放在吃上。心思全在喝酒上，其他的东西一概不顾，美味佳肴也就引不起他们的兴趣了。如果万不得已不得不喝酒，那应该先在正席上仔细品尝菜肴的味道，吃完撤席后再喝酒逞能，这样大概可以两相兼顾吧。

戒火锅

冬日宴客，惯用火锅，对客喧腾，已属可厌。且各菜之味，有一定火候，宜文宜武，宜撤宜添，瞬息难差。今一例以火逼之，其味尚可问哉？近人用烧酒代炭，以为得计，而不知物经多滚，总能变味。或问："菜冷奈何？"曰："以起锅滚热之菜，不使客登时食尽，而尚能留之以至于冷，则其味之恶劣可知矣。"

译文： 冬天宴请宾客，主人往往习惯用火锅招待。火锅中热水沸腾的喧闹声，已经足以令人生厌。况且菜要美味，就必须要掌握火候，需要用猛火还是小火，需要撤火还是添火，这些都是有一定的讲究的，不能有丝毫的偏差。而今一味地用火煮，食物的味道可想而知。近来有人用烧酒代替木炭，自以为得了条妙计，却不知道食物经过长时间烧煮后，总是要变味的。有的人会问："菜变凉了又能怎么办？"我回答："刚出锅的热气腾腾的菜，客人没有马上吃完，还能留到变凉，这道菜的味道之差，就可想而知了。"

戒强让

治具宴客，礼也。然一肴既上，理宜凭客举箸，精肥整碎，各有所好，听从客便，方是道理，何必强让之？常见主人以箸夹取，堆置客前，污盘没碗，令人生厌。须知客非无手无目之人，又非儿童、新妇，怕羞忍饿，何必以村妪小家子之见解待之？其慢客也至矣！近日倡家，尤多此种恶习，以箸取菜，硬入人口，有类强奸，殊为可恶。长安有甚好请客而菜不佳者，一客问曰："我与君算相好乎？"主人曰："相好！"客跽而请曰："果然相好，我有所求，必允许而后起。"主人惊问："何求？"曰："此后君家宴客，求免见招。"合坐为之大笑。

译文：置办酒席宴请宾客，是一种礼节。因而一道菜上来后，理应任凭宾客自己去夹菜，瘦的、肥的、整块的、细碎的，各人有各人的喜好，让客人自己去选择，才是待客之道，何必强让客人吃菜呢？经常会看到，主人把菜夹起堆到客人面前，弄脏了盘子装满了碗，令人生厌。要知道客人都是有手有眼的，也不是因怕羞而忍着饥饿的儿童或少妇，何必以乡下老妇的小家子气来待客呢？这是极其怠慢客人的行为。近来，这种恶习在歌伎中尤其盛行，歌伎们夹起菜直接塞到客人口中，就跟强奸一样，特别可恶。长安有位非常爱请客的人，但是他家的菜却并不好吃，在席间，一位客人问道："我跟你是不是好朋友？"主人回答："当然是！"客人跪在地上请求道："如果真的是好朋友，我有一个请求，你答应我我才起来。"主人惊慌地问是什么请求。客人回答说："以后你家再请客，请求你不要再邀请我。"在场的所有人都为之大笑。

戒走油

凡鱼、肉、鸡、鸭，虽极肥之物，总要使其油在肉中，不落汤中，其味方存而不散。若肉中之油，半落汤中，则汤中之味，反在肉外矣。推原其病有三：一误于火太猛，滚急水干，重番加水；一误于火势忽停，既断复续；一病在于太要相度，屡起锅盖，则油必走。

译文： 鱼、猪、鸡、鸭，都是非常肥美的食物。烧制成菜时，要让它们身上的油脂都留在肉里，不溢出到汤中，肉的美味才不致消失。如果肉中的油脂，有一半溶解在汤中，那汤的美味，经过挥发，反而会散发到肉外面。之所以造成这种情况，原因有三：一是由于火力太猛，锅中水分蒸发，然后往锅中不断加水，导致走油；二是火停了之后，又重新点上，导致走油；三是性子太急，老是想着查看烧制的进度，频繁地掀开锅盖，导致走油。

戒落套

唐诗最佳，而五言八韵之试帖，名家不选，何也？以其落套故也。诗尚如此，食亦宜然。今官场之菜，名号有“十六碟”“八簋”“四点心”之称，有“满汉席”之称，有“八小吃”之称，有“十大菜”之称，种种俗名，皆恶厨陋习，只可用之于新亲上门，上司入境，以此敷衍，配上椅披桌裙，插屏香案，三揖百拜方称。若家居欢宴，文酒开筵，安可用此恶套哉？必须盘碗参差，整散杂进，方有名贵之气象。余家寿筵婚席，动至五六桌者，传唤外厨，亦不免落套。然训练之卒，范我驰驱者，其味亦终竟不同。

译文： 诗，以唐诗为最佳，而对于形形色色的试帖诗，在辑录时，名家不会选入。为什么呢？因为这些试帖诗都落入俗套了。诗歌尚且如此，饮食亦然。当今官场上的菜肴有各种各样的名号，如所谓“十六碟”“八簋”“四点心”之类，所谓“满汉席”“八小吃”“十大菜”，等等，各种俗气的名号，都是水平低下的厨师所固守的恶习。它们只可以用在招待新女婿，或者是上司来访时，以敷衍了事。而要与这些俗套相搭配，还要有椅披和桌帏，要有插屏和香案，且要行三揖百拜的大礼。如果只是在家中宴请亲朋，饮酒赋诗，哪用得着这些俗套？必须要把盘子和碗参差杂陈，菜肴整散相交，才能显出名贵的气象。我家举办寿筵和婚席，动不动就要摆上五六桌，往往需要从外面请来厨师帮忙，因此也难免落入俗套。然而经过训练，最终他们也会按照我的要求行事，但味道还是会有所不同。

戒混浊

混浊者，并非浓厚之谓。同一汤也，望去非黑非白，如缸中搅浑之水。同一卤也，食之不清不腻，如染缸倒出之浆。此种色味令人难耐。救之之法，总在洗净本身，善加作料，伺察水火，体验酸咸，不使食者舌上有隔皮隔膜之嫌。庾子山论文云："索索无真气，昏昏有俗心。"是即混浊之谓也。

译文： 混浊，并不是浓厚的意思。同样是汤，有的汤看上去不黑不白，就像缸中搅浑了的水一样。同样是卤汁，有的卤汁吃起来不清不腻，如同染缸里倒出来的浆水。这样的颜色和气味实在是让人难受。补救的方法，就是要把食物洗干净，善于搭配作料，细心观察水色和火候，品尝酸咸，不要让吃的人产生舌头上如同隔了层皮隔了层膜的厌恶感。庾信的诗中写道："索然无味，没有一丝生气，昏昏暗暗，被世俗之心迷乱。"说的就是这种混浊的状态。

戒苟且

凡事不宜苟且，而于饮食尤甚。厨者，皆小人下材，一日不加赏罚，则一日必生怠玩。火齐未到而姑且下咽，则明日之菜必更加生。真味已失而含忍不言，则下次之羹必加草率。且又不止空赏空罚而已也：其佳者，必指示其所以能佳之由；其劣者，必寻求其所以致劣之故。咸淡必适其中，不可丝毫加减；久暂必得其当，不可任意登盘。厨者偷安，吃者随便，皆饮食之大弊。审问慎思明辨，为学之方也；随时指点，教学相长，作师之道也。于是味何独不然也？

译文： 做任何事情都不应该马虎，而对于饮食尤其如此。厨师，都是品德能力比较平凡的人，只要一天不加以赏罚，他们就会产生松懈怠慢的念想。做菜时，烧制的火候未到，就忍着吃下去而不去批评厨师，那明天的菜会做得更生硬；把食物的滋味都烧没了，这时候还忍着不说话，那下次烧菜也必定会更加马虎草率。而且赏罚都不能仅仅是空赏空罚：做得好的，要指出好在哪里；做得不好的，要探求做得差的原因。菜的咸淡一定要适中，不能有丝毫增减；烹饪的火候也必须得当，不能随便就把菜盛出来上桌。掌勺的人马虎偷懒，吃的人随随便便，都是饮食中的大弊。详细询问、慎重思考、明确辨析，是治学之法；随时指点，通过指点别人来提高自己，是为师之道。对于饮食烹饪，不也是一样的道理吗？

海鲜单

古八珍，并无海鲜之说，今世俗尚之，不得不吾从众。作《海鲜单》。

译文： 古人讲究八珍，却并没有海鲜的说法。而当今社会讲究吃海鲜，我也不得不追随大众的喜好，作《海鲜单》一章。

燕窝

燕窝贵物，原不轻用。如用之，每碗必须二两，先用天泉滚水泡之，将银针挑去黑丝。用嫩鸡汤、好火腿汤、新蘑菇三样汤滚之，看燕窝变成玉色为度。此物至清，不可以油腻杂之；此物至文，不可以武物串之。今人用肉丝、鸡丝杂之，是吃鸡丝、肉丝，非吃燕窝也。且徒务其名，往往以三钱生燕窝盖碗面，如白发数茎，使客一撩不见，空剩粗物满碗。真乞儿卖富，反露贫相。不得已则蘑菇丝、笋尖丝、鲫鱼肚、野鸡嫩片尚可用也。余到粤东，杨明府冬瓜燕窝甚佳，以柔配柔，以清入清，重用鸡汁、蘑菇汁而已。燕窝皆作玉色，不纯白也。或打作团，或敲成面，俱属穿凿。

译文： 燕窝是贵重的食物，一般不轻易食用。需要食用的话，一碗必须要有二两。在食用燕窝之前，先用烧沸的天然泉水浸泡，用银针把燕窝中的黑丝挑去。之后，再用嫩鸡汤、质量好的火腿汤和新蘑菇汤来和燕窝一起烧炖，观察到燕窝变成玉色就可以了。燕窝是极其清爽的食物，不能跟油腻的食物混在一起；同时，它还是质地非常柔软的食物，不能跟带骨头的硬物混杂在一起。当今有人用肉丝、鸡丝来跟燕窝搭配成菜，这分明是为了吃鸡丝和肉丝，并不是要吃燕窝。而且有的人仅仅是贪图燕窝的美名，煮面时，每碗面上都盖上一丁点燕窝，如同几根白头发一样，筷子一挑就不见了，只剩下满碗的粗俗食物。真是乞丐卖弄自己的富有，反而露出了穷酸相。实在不得已时，用蘑菇丝、笋尖丝、鲫鱼肚、野鸡嫩片来搭配燕窝，也可以凑合。我到粤东杨明府家做客时，发现他家做的冬瓜燕窝特别好吃，用质地柔软的食物和清爽的食物来搭配燕窝，只是多用了些鸡汁、蘑菇汁而已。燕窝都是玉色，没有纯白色的。有的人把燕窝捶成团吃，有的人则把燕窝敲成面吃，这都是些生拉硬扯的做法。

海参三法

海参，无味之物，沙多气腥，最难讨好。然天性浓重，断不可以清汤煨也。须检小刺参，先泡去沙泥，用肉汤滚泡三次，然后以鸡、肉两汁红煨极烂。辅佐则用香蕈、木耳，以其色黑相似也。大抵明日请客，则先一日要煨，海参才烂。尝见钱观察家，夏日用芥末、鸡汁拌冷海参丝，甚佳。或切小碎丁，用笋丁、香蕈丁入鸡汤煨作羹。蒋侍郎家用豆腐皮、鸡腿、蘑菇煨海参，亦佳。

译文： 海参本身没有味道，泥沙多又腥味重，很难做成好吃的菜肴。海参有浓重的腥气与涩味，千万不能以清汤煨煮，单独成菜。要挑选小刺参，用水浸泡，去掉泥沙，之后用烧沸的肉汤滚泡三次，再用兑在一起的鸡汁和肉汁红煨到烂熟。烧制海参需要搭配香菇、木耳，因为它们跟海参一样，都是黑色的。请客吃海参，要提前一天煨煮，海参才能煮烂。我曾见过钱观察家，在夏天用芥末、鸡汁拌冷海参丝，味道很好。或者把海参切成小碎丁，将笋丁、香蕈丁放入鸡汤中，一起煨煮做成羹。蒋侍郎家用豆腐皮、鸡腿、蘑菇煨煮海参，味道也不错。

鱼翅二法

鱼翅难烂，须煮两日，才能摧刚为柔。用有二法：一用好火腿、好鸡汤，加鲜笋、冰糖钱许煨烂，此一法也；一纯用鸡汤串细萝卜丝，拆碎鳞翅搀和其中，漂浮碗面，令食者不能辨其为萝卜丝、为鱼翅，此又一法也。用火腿者，汤宜少；用萝卜丝者，汤宜多。总以融洽柔腻为佳。若海参触鼻，鱼翅跳盘，便成笑话。吴道士家做鱼翅，不用下鳞，单用上半原根，亦有风味。萝卜丝须出水二次，其臭才去。尝在郭耕礼家吃鱼翅炒菜，妙绝！惜未传其方法。

译文： 鱼翅很难煮烂，要让刚硬的鱼翅变得柔软，需要煮上两天。鱼翅有两种做法：用上好的火腿与鸡汤，加入一钱左右的鲜笋、冰糖煨煮，直到把鱼翅煮烂，这是第一种做法；第二种做法是，把细萝卜丝放入纯鸡汤中，把鱼翅拆碎，掺杂其中，细碎的鱼翅和萝卜丝都漂浮在汤中，吃的人很难分辨哪些是萝卜丝，哪些是鱼翅。用前一种方法的，汤应该少一点；而用后一种方法的，汤应该多一点。总之，鱼翅是柔腻融和为最佳。如果煮得不够透烂，吃海参时，海参僵硬着会碰到鼻子，而夹鱼翅时，鱼翅则易滑落到盘子外，那就成笑话了。吴道士家做鱼翅时，不用鱼翅的下半部，单用上半部分，也很有风味。

做鱼翅时，萝卜丝需要出水两次，萝卜的异味才能去掉。曾在郭耕礼家吃鱼翅炒菜，极其美味，可惜我没有学到做法。

鳆鱼

鳆鱼炒薄片甚佳，杨中丞家，削片入鸡汤豆腐中，号称“鳆鱼豆腐”，上加陈糟油浇之。庄太守用大块鳆鱼煨整鸭，亦别有风趣。但其性坚，终不能齿决。火煨三日，才拆得碎。

译文： 鳆鱼的最佳烹饪方法是切成薄片后烹炒。杨中丞家有一道菜叫“鳆鱼豆腐”，就是把鳆鱼切成片后放入鸡汤豆腐中烹制，再在上面浇上陈糟油。庄太守家用一大块鳆鱼与整只鸭子一起煨煮，同样别有风味。但是，鳆鱼质地坚硬，牙齿难以嚼碎。需煨煮三天，肉才能煮烂。

淡菜

淡菜煨肉加汤，颇鲜。取肉去心，酒炒亦可。

译文： 用淡菜煨肉煮汤，味道鲜美。去掉贻贝的内脏，加酒烹炒也可以。

海蝘

海蝘，宁波小鱼也，味同虾米，以之蒸蛋甚佳，作小菜亦可。

译文： 海蝘，宁波地区出产的小鱼，味道和虾米一样，用它来蒸鸡蛋最好，做成小菜也可以。

乌鱼蛋

乌鱼蛋最鲜，最难服事。须河水滚透，撤沙去腥，再加鸡汤、蘑菇煨烂。龚云若司马家，制之最精。

译文： 乌鱼蛋味道最鲜美，也最难烹制。必须用河水将乌鱼蛋洗干净，去掉沙子和腥味，再加入鸡汤和蘑菇煮烂。司马龚云若家做的乌鱼蛋最为精美。

江瑶柱

江瑶柱出产宁波，治法与蚶、蛏同。其鲜脆在柱，故剖壳时，多弃少取。

译文： 江瑶柱出产于宁波地区，烹制的方法与蚶、蛏相同。江瑶柱最鲜脆的部分在肉柱，因此剖壳剥离肉柱时，要扔掉大量没有用的东西，留取少量优质的部分即可。

蛎黄

蛎黄生石子上。壳与石子胶粘不分。剥肉作羹，与蚶、蛤相似。一名鬼眼。乐清、奉化两县土产，别地所无。

译文： 牡蛎生在石子上，壳与石子粘在一起分不开。牡蛎的做法是把肉剥下来制作羹汤，做法与蚶、蛤类似。牡蛎也称鬼眼。只生在乐清、奉化两地，别的地方都没有。

江鲜单

郭璞《江赋》鱼族甚繁，今择其常有者治之。作《江鲜单》。

译文： 郭璞的《江赋》介绍了各种各样的鱼类，现选择其中比较常见的一些，介绍一下它们的做法，写作《江鲜单》一章。

刀鱼二法

刀鱼用蜜酒酿、清酱，放盘中，如鲥鱼法，蒸之最佳，不必加水。如嫌刺多，则将极快刀刮取鱼片，用钳抽去其刺。用火腿汤、鸡汤、笋汤煨之，鲜妙绝伦。金陵人畏其多刺，竟油炙极枯，然后煎之。谚曰："驼背夹直，其人不活。"此之谓也。或用快刀，将鱼背斜切之，使碎骨尽断，再下锅煎黄，加作料，临食时竟不知有骨：芜湖陶大太法也。

译文： 刀鱼用蜜酒酿，在清酱中稍沾腌后，放入盘中。跟鲥鱼的做法一样，刀鱼最适合蒸食，不必加水。如果嫌刀鱼刺多，就用锋利的刀削取鱼片，再用钳子把鱼刺拔出来。然后混合火腿汤、鸡汤、笋汤，将刀鱼放入其中煨煮，美味绝伦。金陵人害怕刀鱼刺多，竟然用油烘烤，把刀鱼烤到干枯后，再用油煎，令人匪夷所思。俗话说："把驼背人的背脊夹直，人也会被夹死。"这句话可以用来形容金陵人的做法。要避免鱼刺带来的困扰，可以用快刀斜切刀鱼的鱼背，把鱼骨都切碎，将刀鱼肉下锅煎黄，加上作料，吃的时候竟然尝不出刀鱼肉中有刺。这是芜湖陶大太的做法。

鲥鱼

鲥鱼用蜜酒蒸食，如治刀鱼之法便佳。或竟用油煎，加清酱、酒酿亦佳。万不可切成碎块，加鸡汤煮，或去其背，专取肚皮，则真味全失矣。

译文： 鲥鱼要用蜜酒来蒸食，用做刀鱼的方法来做鲥鱼就很好。或者干脆油煎鲥鱼，加入清酱和酒酿，做出来也好吃。但万万不可把鲥鱼切成碎块，在鸡汤中煮食。也不可以去掉鲥鱼的脊背，专吃肚皮肉，那样鲥鱼的真味就一点都没有了。

鲟鱼

尹文端公，自夸治鲟鳇最佳。然煨之太熟，颇嫌重浊。惟在苏州唐氏，吃炒鳇鱼片甚佳。其法：切片油炮，加酒、秋油滚三十次，下水再滚起锅，加作料，重用瓜姜、葱花。又一法：将鱼白水煮十滚，去大骨，肉切小方块，取明骨切小方块；鸡汤去沫，先煨明骨八分熟，下酒、秋油，再下鱼肉，煨二分烂起锅，加葱、椒、韭，重用姜汁一大杯。

译文： 尹文端公夸耀自己做的鲟鱼是最棒的。但是他家做的鲟鱼煨煮得过熟，味道有点浓重混浊。只有在苏州唐家吃到的炒鳇鱼片是最美味的。唐家做鳇鱼的方法是：把鳇鱼切成片后用热油爆炒，加酒和秋油，烧滚三十次，然后放到开水中再滚，之后起锅，加入作料，多放一些酱黄瓜、酱姜、葱花。另一个烹制方法是：将鱼放入白水中熟上十滚，去掉鱼骨，把肉切成一块块的小方块，再把脆骨取出，同样切成小方块。同时，准备好鸡汤，将鸡汤中的浮沫去掉。先把明骨放入鸡汤中煨煮到八分熟，倒入酒和秋油，再把鱼肉倒入汤中，煨煮到二分烂时就起锅。之后加入葱、椒、韭菜，并倒入一大杯姜汁。

黄鱼

黄鱼切小块，酱、酒郁一个时辰，沥干。入锅爆炒，两面黄，加金华豆豉一茶杯，甜酒一碗，秋油一小杯，同滚。候卤干色红，加糖，加瓜姜收起，有沉浸浓郁之妙。又一法：将黄鱼拆碎，入鸡汤作羹，微用甜酱水、纤粉收起之，亦佳。大抵黄鱼亦系浓厚之物，不可以清治之也。

译文： 做黄鱼时，要把黄鱼切成小块，用酱和酒浸泡两个小时，再把水沥干。之后放入锅中爆炒，鱼肉两面都呈黄色后，再在锅内放入一茶杯金华豆豉、一碗甜酒、一小杯秋油，一起滚煮。等卤汁变干发红后，加糖和酱瓜、酱姜，收汁起锅。出锅的黄鱼浸润通透，浓郁美味。另一种烧制黄鱼的方法是：将黄鱼拆解成碎肉，放入鸡汤中做羹，加入少量甜酱水、芡粉来增加羹的浓稠感，收锅后黄鱼也很美味。一般来说，黄鱼味道浓郁厚重，不能做得太清淡。

班鱼

班鱼最嫩，剥皮去秽，分肝、肉二种，以鸡汤煨之，下酒三分、水二分、秋油一分。起锅时，加姜汁一大碗、葱数茎，杀去腥气。

译文： 班鱼肉是最嫩的。将班鱼的皮剥掉，去掉腹内的各种杂物，把它分成肝和肉两种。用鸡汤煨煮，倒入三分酒、二分水和一分秋油。起锅时，再加一大碗姜汁和几根葱，可以去除班鱼的腥气。

假蟹

煮黄鱼二条，取肉去骨，加生盐蛋四个，调碎，不拌入鱼肉。起油锅炮，下鸡汤滚，将盐蛋搅匀，加香蕈、葱、姜汁、酒，吃时酌用醋。

译文： 煮熟两条黄鱼，把鱼骨去掉，留下鱼肉。再将四个咸蛋打散，但先不拌入鱼肉中。把鱼肉放到油锅中爆炒，然后放到鸡汤中烧滚，将咸蛋搅匀后加香菇、葱、姜汁、酒，倒入锅中。吃的时候可以酌量加醋。

特牲单

猪用最多，可称“广大教主”。宜古人有持豚馈食之礼。作《特牲单》。

译文： 猪肉的用途最多，可以称得上各种食料的“首领”了。古人有以猪或猪肉制品送礼的习惯。写作《特牲单》一章。

猪头二法

洗净五斤重者，用甜酒三斤；七八斤者，用甜酒五斤。先将猪头下锅同酒煮，下葱三十根、八角三钱，煮二百余滚；下秋油一大杯、糖一两，候熟后尝咸淡，再将秋油加减；添开水要漫过猪头一寸，上压重物，大火烧一炷香；退出大火，用文火细煨，收干以腻为度；烂后即开锅盖，迟则走油。一法：打木桶一个，中用铜帘隔开，将猪头洗净，加作料闷入桶中，用文火隔汤蒸之，猪头熟烂，而其腻垢悉从桶外流出，亦妙。

译文： 要洗干净五斤重的猪头，需要用三斤甜酒；洗干净七八斤重的猪头，需要用五斤甜酒。先将猪头下锅，同酒一起烧煮，放入三十根大葱、三钱八角茴香，煮上二百多滚。之后加上一大杯秋油、一两糖，一般要等到猪头熟了尝尝咸淡之后，再根据自己的口味，看看要不要再加点秋油。烧煮猪头，倒入锅中的开水要漫过猪头一寸，锅顶压上重物，用猛火烧上一炷香的时间。之后将火调小，文火慢烧，将水收干，直到把肉煮烂。肉烂之后要马上打开锅盖，锅盖开晚了肉内美味的油脂就会流失。做猪肉还有另一种方法：先做一个木桶，中间用铜帘隔开，将猪头洗干净后，加入作料，放入木桶中焖制。然后把装有猪肉的木桶放在锅中，用微火隔着汤蒸煮，猪头煮烂后其本身油腻的污垢会全部从桶中流出，这样做出来的猪头味道也很不错。

猪蹄四法

蹄膀一只，不用爪，白水煮烂，去汤，好酒一斤，清酱酒杯半，陈皮一钱，红枣四五个，煨烂。起锅时，用葱、椒、酒泼入，去陈皮、红枣，此一法也。又一法：先用虾米煎汤代水，加酒、秋油煨之。又一法：用蹄膀一只，先煮熟，用素油灼皱其皮，再加作料红煨。有土人好先掇食其皮，号称“揭单被”。又一法：用蹄膀一个，两钵合之，加酒，加秋油，隔水蒸之，以二枝香为度，号“神仙肉”。钱观察家制最精。

译文： 选取一只蹄髈，去掉猪爪子，用白水煮烂，去掉汤。然后选用一斤好酒、半杯清酱油、一钱陈皮、四五个红枣，把它们和蹄髈一起煨煮。熟烂起锅后，泼入葱、辣椒、酒，把陈皮、红枣拣出来。这是烧制蹄髈的第一种方法。第二种方法：先用虾米煎汤代替水，之后加入酒和秋油煨煮。第三种方法：选取一只蹄髈，先煮熟，用素油烧灼，等猪皮皱了，再加上作料红煨。有农村人喜欢先把猪皮揭下来吃掉，人称之为“揭单被”。第四种做法：选取一个蹄髈，装进扣在一起的两个钵中，加酒和秋油，在水中蒸煮两炷香的时间，人称这样做出来的蹄髈为“神仙肉”。钱观察家烹制得最为精美。

猪爪 猪筋

专取猪爪，剔去大骨，用鸡肉汤清煨之。筋味与爪相同，可以搭配；有好腿爪，亦可搀入。

译文： 专门选取猪蹄，剔去蹄中的大骨头，用鸡肉汤轻煨，不加作料。猪蹄筋的味道和猪蹄的味道相同，两者可以搭配成菜。如果有好的猪爪子，也可以搀进去。

猪肚二法

将肚洗净，取极厚处，去上下皮，单用中心，切骰子块，滚油炮炒，加作料起锅，以极脆为佳。此北人法也。南人白水加酒，煨两枝香，以极烂为度，蘸清盐食之，亦可；或加鸡汤作料，煨烂熏切，亦佳。

译文： 猪肚的烹饪方法分南北两种。将猪肚洗干净，选取猪肚上肉最厚的地方，把上下的猪皮去掉，只用中间的部分，切成像骰子一样的小方块。之后用沸滚的油爆炒，加入作料后起锅，以肉极脆为最佳。上述是北方人的做法。南方人的做法是：将猪肚用白水和酒煨煮两炷香的时间，煮到猪肚完全熟烂，蘸着细盐食用；或者加入鸡汤作料后煨煮，煮烂后切片食用，也很好吃。

猪肺二法

洗肺最难，以冽尽肺管血水，剔去包衣为第一着。敲之仆之，挂之倒之，抽管割膜，工夫最细。用酒水滚一日一夜，肺缩小如一片白芙蓉，浮于汤面，再加作料。上口如泥。汤西厓少宰宴客，每碗四片，已用四肺矣。近人无此工夫，只得将肺拆碎，入鸡汤煨烂亦佳。得野鸡汤更妙，以清配清故也。用好火腿煨亦可。

译文： 清洗猪肺是最难的，要先把肺管中的血水滤干净，剔去猪肺外的包衣。之后敲打猪肺，并将其挂起来，倒出肺中的杂物，再抽去肺中的血管，割掉薄膜。清洗猪肺要的就是这样的细致工夫。清洗干净之后，用酒水将猪肺滚上一天一夜，肺就小得如一片浮在汤面上的白芙蓉一样了。加上作料食用，入口之后，熟烂如泥。汤右曾侍郎宴请宾客，每碗四片，已经用了四个猪肺了。现在的人没有闲工夫去清洗，只能将猪肺拆碎，放入鸡汤中煨煮，这样做也很好吃。如果用野鸡汤煮的话就更妙了，因为是用清淡搭配清淡。做猪肺时，用上好的火腿煨煮也是可以的。

猪腰

腰片炒枯则木，炒嫩则令人生疑；不如煨烂，蘸椒盐食之为佳。或加作料亦可。只宜手摘，不宜刀切。但须一日工夫，才得如泥耳。此物只宜独用，断不可搀入别菜中，最能夺味而惹腥。煨三刻则老，煨一日则嫩。

译文： 猪腰片炒过了就干得跟木柴一样，炒嫩了就会让人怀疑它不干净。不如把它煨煮到熟烂，蘸着椒盐吃最好。或者加作料煨煮也可以。猪腰子只适合用手撕着吃，不适合用刀切。煨煮时要用一天的工夫，它才能熟烂如泥。猪腰子只适合单独食用，绝对不可以搀入别的菜中，因为猪腰子腥气重，容易沾染到别的食物上。猪腰子煨煮半个多小时会变得生硬，而煮上一天，猪腰子则会变嫩。

猪里肉

猪里肉，精而且嫩。人多不食。尝在扬州谢蕴山太守席上，食而甘之。云以里肉切片，用纤粉团成小把，入虾汤中，加香蕈、紫菜清煨，一熟便起。

译文： 猪里脊肉又瘦又嫩。但吃的人并不多。曾在扬州知府谢启昆家的宴席上吃到过里脊肉，非常好吃。据说做法是：将里脊肉切成片，用芡粉上浆团成一个个小团，之后放入虾汤中，加入香菇、紫菜一起煨煮，煮熟便起锅。

白片肉

须自养之猪，宰后入锅，煮到八分熟，泡在汤中，一个时辰取起。将猪身上行动之处，薄片上桌，不冷不热，以温为度。此是北人擅长之菜。南人效之，终不能佳。且零星市脯，亦难用也。寒士请客，宁用燕窝，不用白片肉，以非多不可故也。割法须用小快刀片之，以肥瘦相参，横斜碎杂为佳，与圣人“割不正不食”一语，截然相反。其猪身，肉之名目甚多，满洲“跳神肉”最妙。

译文： 做白片肉最好选用自家饲养的猪，把猪宰了之后放入锅中，煮到八分熟，在汤中泡两个小时后取出。将猪前腿和后腿上的肉切成薄片后上桌，猪肉要不冷不热，稍温。这是北方人擅长的菜式，南方人效仿北方人的做法，却始终做不好。而且买回来的零零碎碎的猪肉，也难以做成白片肉。贫穷的读书人请客时，宁愿用燕窝也不用白片肉，就是因为白片肉必须要量多才能做出好菜。切割白片肉的方法，是用小快刀一片片切，最好是既横切，又斜切，肥肉和瘦肉相互掺杂，这就和孔子所主张的“肉切得不方正就不吃”的信条截然相反。猪肉可做成各种各样的佳肴，名目繁多，而以满洲人的“跳神肉”最好吃。

红煨肉三法

或用甜酱，或用秋油，或竟不用秋油、甜酱。每肉一斤，用盐三钱，纯酒煨之。亦有用水者，但须熬干水气。三种治法皆红如琥珀，不可加糖炒色。早起锅则黄，当可则红；过迟则红色变紫，而精肉转硬。常起锅盖，则油走而味都在油中矣。大抵割肉虽方，以烂到不见锋棱，上口而精肉俱化为妙。全以火候为主。谚云："紧火粥，慢火肉。"至哉言乎！

译文： 烧制红煨肉，有的人用甜酱，有的人用秋油，有的人则既不用秋油，也不用甜酱。做红煨肉时，每煮一斤肉，要用三钱盐，放入纯酒中煨煮。也有用水煨煮的，但必须要把水气熬干。三种烧制方法都会使肉红如琥珀，不需要再加糖把肉炒成红色了。煮肉时，起锅早了，肉会发黄；起锅时间得当，肉呈红色；而起锅时间过迟，肉色会变紫，瘦肉也会变硬变老。如果频繁打开锅盖，肉会走油，香味散失。一般来说，割下来的肉都是方形的，煮肉要把肉煮到棱角软化，肉入口即化最好。这就全看对火候的掌握了。俗话说："用紧火煮粥，用慢火烧肉。"说得太对了！

白煨肉

每肉一斤，用白水煮八分好，起出去汤；用酒半斤，盐二钱半，煨一个时辰。用原汤一半加入，滚干汤腻为度，再加葱、椒、木耳、韭菜之类，火先武后文。又一法：每肉一斤，用糖一钱，酒半斤，水一斤，清酱半茶杯；先放酒，滚肉一二十次，加茴香一钱，加水闷烂，亦佳。

译文： 做白煨肉时，用一斤猪肉，放到白水中煮到八分熟，起锅把汤去掉；之后用半斤酒和二钱半的盐，将猪肉煨煮两个小时。再将之前煮肉用的原汤倒入一半，继续煨煮，直到汤汁收干、肉显腻色。然后加入葱、椒、木耳、韭菜等作料，先用猛火，再转微火。这是一种烹制方法。另一种方法是：用一斤猪肉，以及一钱糖、半斤酒、一斤水和半茶杯清酱，先把它们放入酒中，将肉滚上一二十次，再加一钱茴香，加水把肉焖烂，这样做出来味道也不错。

油灼肉

用硬短勒切方块，去筋襻，酒酱郁过，入滚油中炮炙之，使肥者不腻，精者肉松。将起锅时，加葱、蒜，微加醋喷之。

译文： 将五花肉切成方块，去掉肉中的筋襻，用酒和酱油浸泡过后，放入沸滚的油中煎炒，使肥肉变得不再油腻，瘦肉变松软。将要起锅时，加入葱、蒜，最后洒入少量的醋即可。

干锅蒸肉

用小磁钵，将肉切方块，加甜酒、秋油，装大钵内封口，放锅内，下用文火干蒸之，以两枝香为度，不用水。秋油与酒之多寡，相肉而行，以盖满肉面为度。

译文： 将肉切成方块，放入小瓷钵中，再加上甜酒、秋油，装入大瓷钵内，封口后放入锅内。用文火慢慢地干蒸，蒸满两炷香的时间，不要往里边加水。做干锅蒸肉时，加入秋油和酒的多少，要视肉量而定，秋油和酒能盖过肉面就可以了。

盖碗装肉

放手炉上，法与前同。

译文： 把肉放入盖碗中，再将盖碗放在手炉上蒸煮，具体的烹制方法与干锅蒸肉相同。

磁坛装肉

放砻糠中慢煨。法与前同。总须封口。

译文： 将肉装入瓷坛中，用谷壳做燃料，把瓷坛放在谷壳上慢火煨煮。方法与前面相同。要把瓷坛密封严实。

脱沙肉

去皮切碎，每一斤用鸡子三个，青黄俱用，调和拌肉；再斩碎，入秋油半酒杯，葱末拌匀，用网油一张裹之；外再用菜油四两，煎两面，起出去油；用好酒一茶杯，清酱半酒杯，闷透，提起切片；肉之面上，加韭菜、香蕈、笋丁。

译文： 将猪肉去掉皮切碎，每一斤肉都要用三个鸡蛋来调匀拌肉，蛋清和蛋黄都要用到。鸡蛋拌好肉之后，把肉切碎，倒入半酒杯秋油和少量葱末，搅拌均匀，用一张网油把碎肉裹起来。之后用四两菜油，把肉卷两面都煎熟，起锅去油。再用一茶杯好酒、半酒杯清酱，把煎好的肉卷焖透。把肉切成片，在肉上加韭菜、香菇、笋丁就行了。

晒干肉

切薄片精肉，晒烈日中，以干为度。用陈大头菜，夹片干炒。

译文： 将瘦肉切成薄片，放在烈日下曝晒，直到晒干。再把存放了很久的大头菜切成片，和干肉放在一起干炒即可。

火腿煨肉

火腿切方块，冷水滚三次，去汤沥干；将肉切方块，冷水滚二次，去汤沥干；放清水煨，加酒四两、葱、椒、笋、香蕈。

译文： 将火腿切成方块，放入冷水中煮上三滚，从汤中捞出后滴干水分。将猪肉切成方块，在冷水中煮上两滚，从汤中捞出，滴干水分。之后把两种肉一起放到清水中煨煮，加四两酒，及葱、椒、笋和香菇就可以了。

台鲞煨肉

法与火腿煨肉同。鲞易烂，须先煨肉至八分，再加鲞；凉之则号“鲞冻”。绍兴人菜也。鲞不佳者，不必用。

译文： 做台鲞煨肉的方法，与做火腿煨肉的方法相同。台鲞很容易煮烂，因此要先将猪肉煨到八分熟时再将台鲞放进去，把肉和台鲞放凉后就是“鲞冻”。“鲞冻”是绍兴人的菜式。如果台鲞质量不怎么样，那也就不必再做成菜了。

粉蒸肉

用精肥参半之肉，炒米粉黄色，拌面酱蒸之，下用白菜作垫。熟时不但肉美，菜亦美。以不见水，故味独全。江西人菜也。

译文： 选取肥瘦参半的肉，将米粉炒成黄色，把肉、米粉和面酱拌在一起，上锅蒸，肉下面垫上白菜。蒸熟后，不但肉美味，菜也是美味的。因为没有加水，所以肉的美味得以保全。粉蒸肉是江西人的菜式。

熏煨肉

先用秋油、酒将肉煨好，带汁上木屑，略熏之，不可太久，使干湿参半，香嫩异常。吴小谷广文家，制之精极。

译文： 做熏煨肉时，先用秋油和酒将肉煨好，将带汁的肉在木屑上略微熏一会儿，时间不要太长，肉质干湿参半，异常香嫩。吴小谷教官家做的熏煨肉最为精美。

芙蓉肉

精肉一斤，切片，清酱拖过，风干一个时辰。用大虾肉四十个，猪油二两，切骰子大，将虾肉放在猪肉上。一只虾，一块肉，敲扁，将滚水煮熟撩起。熬菜油半斤，将肉片放在眼铜勺内，将滚油灌熟。再用秋油半酒杯，酒一杯，鸡汤一茶杯，熬滚，浇肉片上，加蒸粉、葱、椒，糁上起锅。

译文： 制作芙蓉肉时，先把一斤瘦肉切成片，放入清酱中蘸一下，风干两个小时。再选取四十只大虾、二两猪大油，将虾肉切成骰子般大小，放在猪肉上。一块猪肉上放一块虾肉，把它们依次敲扁，放在滚沸的开水中煮熟后捞出。另外，熬半斤菜油，将制成的猪肉和虾肉放到漏勺内，把煮熟的菜油捞出，在肉上反复浇灌，直到肉变熟。再把半酒杯秋油、一杯酒、一茶杯鸡汤混合在一起，熬熟后浇到肉片上。最后把蒸粉、葱、椒放到肉片上，制好后起锅。

荔枝肉

用肉切大骨牌片，放白水煮二三十滚，撩起；熬菜油半斤，将肉放入炮透，撩起，用冷水一激，肉皱，撩起；放入锅内，用酒半斤，清酱一小杯，水半斤，煮烂。

译文： 做荔枝肉时，将肉切成大骨牌形状的片，放在白水中煮上二三十滚，捞出。再熬半斤菜油，将肉放入菜油中炸透后捞起，用冷水猛地浇在肉上，肉变皱后取出。把取出的肉放到锅内，往锅内倒入半斤酒、一小杯清酱和半斤水，再把肉煮烂。

八宝肉

用肉一斤，精肥各半，白煮一二十滚，切柳叶片。小淡菜二两，鹰爪二两，香蕈一两，花海蜇二两，胡桃肉四个去皮，笋片四两，好火腿二两，麻油一两，将肉入锅，秋油、酒煨至五分熟，再加余物，海蜇下在最后。

译文： 将一斤肥瘦各半的猪肉放入锅中，用白水煮上一二十滚，之后切成如柳叶般细长的肉片。再准备二两小淡菜、二两嫩茶、一两香菇、二两海蜇头、四个去皮的核桃肉、四两笋片、二两好火腿、一两麻油。先把肉放入锅中，用秋油和酒煨到五分熟，再把上边准备的那些作料放入锅中，海蜇最后放入。

菜花头煨肉

用台心菜嫩蕊，微腌，晒干用之。

译文： 将台心菜的嫩蕊稍微腌制一下，晒干后用来煨肉。

炒肉丝

切细丝，去筋襻、皮、骨，用清酱、酒郁片时，用菜油熬起，白烟变青烟后，下肉炒匀，不停手，加蒸粉、醋一滴、糖一撮，葱白、韭蒜之类；只炒半斤，大火，不用水。又一法：用油泡后，用酱水加酒略煨，起锅红色，加韭菜尤香。

译文： 把肉的筋襻、皮和骨头去掉，切成细丝，用清酱和酒浸泡片刻。在锅中熬煮菜油，等菜油熬到白烟变成青烟后，将肉下锅，不停地炒，使肉在油中炒匀。之后加入蒸粉、一滴醋、一撮糖，及葱白、韭菜、蒜之类的调味品。炒肉丝最好一次只炒半斤，用大火，不加水。炒肉丝的另一种方法是：把肉切成细丝，用油炒过后，放在酱和酒中略做煨煮，肉变成红色后起锅，再加点韭菜的话味道尤其香。

炒肉片

将肉精、肥各半，切成薄片，清酱拌之。入锅油炒，闻响即加酱、水、葱、瓜、冬笋、韭芽，起锅火要猛烈。

译文： 将半瘦半肥的猪肉切成薄片，用清酱搅拌。将拌好的肉放入油锅中炒，听到油锅中的响声后立即放入酱、水、葱、瓜、冬笋和韭芽，起锅时火要猛。

八宝肉圆

猪肉精、肥各半，斩成细酱，用松仁、香蕈、笋尖、荸荠、瓜、姜之类，斩成细酱，加纤粉和捏成团，放入盘中，加甜酒、秋油蒸之。入口松脆。家致华云：“肉圆宜切不宜斩。”必别有所见。

译文： 做八宝肉圆时，选取一半瘦肉一半肥肉，剁成细酱。同时将松仁、香菇、笋尖、荸荠、瓜、姜等作料也剁碎。

把肉和这些作料用芡粉捏成团，放入盘中，加入一些甜酒和秋油蒸煮。吃时有一种松脆的感觉。家致华说："做肉圆时，应该用刀切，而不应该剁。"想必他一定有自己的见解吧。

空心肉圆

将肉捶碎郁过，用冻猪油一小团作馅子，放在团内蒸之，则油流去，而团子空心矣。此法镇江人最善。

译文： 做空心肉圆时，将肉剁碎，放入调料中浸泡，用一小团冻猪油做肉圆的馅，在锅中蒸煮。冻猪油遇热融化后，肉圆就变成空心的了。镇江人最擅长这种做法。

锅烧肉

煮熟不去皮，放麻油灼过，切块加盐，或蘸清酱亦可。

译文： 将猪肉煮熟，但不去皮，放在沸滚的麻油中灼烫。肉熟后，将肉切成块，加盐食用，或者蘸清酱吃也可以。

酱肉

先微腌，用面酱酱之，或单用秋油拌郁，风干。

译文： 先把肉稍微腌一下，再用面酱将肉涂抹一遍，之后风干。另外也可以单独用秋油将肉浸泡后风干。

糟肉

先微腌，再加米糟。

译文： 先把肉稍微腌一下，再放入米糟中腌制。

暴腌肉

微盐擦揉，三日内即用。以上三味，皆冬月菜也，春夏不宜。

译文： 用少量的盐将肉擦揉均匀，腌制三天，就可以吃了。上述三种肉，都是在冬天吃的菜，春夏不宜烹制。

尹文端公家风肉

杀猪一口，斩成八块，每块炒盐四钱，细细揉擦，使之无微不到，然后高挂有风无日处。偶有虫蚀，以香油涂之。夏日取用，先放水中泡一宵，再煮，水亦不可太少，以盖肉面为度。削片时，用快刀横切，不可顺肉丝而斩也。此物惟尹府至精，常以进贡。今徐州风肉不及，亦不知何故。

译文： 杀一口猪，把猪切成八大块，每块都用四钱炒过的盐细细地揉擦，使盐完全浸入肉中，然后把涂抹过的肉高挂在通风又背阴的地方。偶尔会有虫子咬蚀，就用香油涂抹。夏天取用时，先将肉放入水中，浸泡一夜，捞出来后再煮，煮的时候，水不能太少，以盖过肉面为好。之后，要把肉削成肉片，切片时，要用快刀横向切，不能沿着猪肉的纹路切。风肉只有尹文端公家做得最好，他常常拿这道菜进献给皇帝。现今比较出名的徐州风肉也不如他家的做得好，不知道是为什么。

家乡肉

杭州家乡肉，好丑不同。有上、中、下三等。大概淡而能鲜，精肉可横咬者为上品。放久即是好火腿。

译文： 杭州的家乡肉，质量有所不同，按优劣可分为上、中、下三等。大体上，口味淡又比较鲜美，瘦肉可以横着咬嚼的，是上品。家乡肉放久了就是好火腿。

笋煨火肉

冬笋切方块，火肉切方块，同煨。火腿撤去盐水两遍，再入冰糖煨烂。席武山别驾云：凡火肉煮好后，若留作次日吃者，须留原汤，待次日将火肉投入汤中滚热才好。若干放离汤，则风燥而肉枯；用白水，则又味淡。

译文： 将冬笋和火腿肉都切成方块，放在一起煨煮。将火腿内的盐分煮出，将水倒掉，再煮之后，再次倒掉盐水，之后将肉放到冰糖中煨煮至烂熟。席武山别驾说：一般将火腿煮熟后，留到第二天再吃的话，一定要留下原汤，第二天把火腿放入原汤中滚煮才好吃。如果离开了原汤，把肉干放着，火腿就会因风吹、干燥而变得肉质枯干；如果用白水而不用原汤煮，肉味又会变淡。

烧小猪

小猪一个，六七斤重者，钳毛去秽，叉上炭火炙之。要四面齐到，以深黄色为度。皮上慢慢以奶酥油涂之，屡涂屡炙。食时酥为上，脆次之，硬斯下矣。旗人有单用酒、秋油蒸者，亦惟吾家龙文弟，颇得其法。

译文： 准备一个六七斤重的小猪，把猪毛拔掉，去掉猪身上的脏东西，用叉子叉到炭火上烧烤。小猪的周身都要烤一遍，烤到猪肉变为深黄色为止。烧烤时，在猪皮上涂些奶酥油，再烤，烤一段时间后再次涂抹奶酥油，如此反复，边涂边烤。吃的时候，肉酥是最好的，肉脆的话稍微差一点，最差的就是把肉烤硬。满人有只用酒和秋油蒸烤小猪的做法，这也是我家龙文弟最擅长的。

烧猪肉

凡烧猪肉，须耐性。先炙裹面肉，使油膏走入皮内，则皮松脆而味不走。若先炙皮，则肉上之油尽落火上，皮既焦硬，味亦不佳。烧小猪亦然。

译文： 烧烤猪肉时，要有耐性。一般先烤裹在面子上的肉，让猪油渗入皮内，这样就会使肉皮松脆，香味也留在肉内。假如先烤猪皮的话，猪肉的油脂就会全部落到火中，肉皮焦硬，香味也会流失。烧小猪也是这个道理。

排骨

取勒条排骨精肥各半者，抽去当中直骨，以葱代之，炙用醋、酱，频频刷上，不可太枯。

译文： 选取肥瘦各半的肋条排骨，去掉排骨中的直骨，以葱代替。烧烤时用醋和酱油涂抹在排骨上，边烤边涂，不能让排骨变得太干。

罗蓑肉

以作鸡松法作之。存盖面之皮。将皮下精肉斩成碎团，加作料烹熟。聂厨能之。

译文： 按照制作鸡松的方法烧制罗蓑肉。保存好盖在面子上的肉皮。将肉皮下的瘦肉剁成碎团，加上作料烧煮。聂厨师能做好这道菜。

端州三种肉

一罗蓑肉。一锅烧白肉，不加作料，以芝麻、盐拌之。切片煨好，以清酱拌之。三种俱宜于家常。端州聂、李二厨所作。特令杨二学之。

译文： 端州有三种肉菜：罗蓑肉、锅烧白肉和煨肉片。用锅烧白肉时，不加作料，只用芝麻和盐搅拌煮好的白肉。而做煨肉片时，将肉片煨好后，用清酱搅拌。这三种肉菜均适合作为家常菜食用。端州聂厨师和李厨师做得比较好，我曾特地派杨二去学习过。

杨公圆

杨明府作肉圆，大如茶杯，细腻绝伦。汤尤鲜洁，入口如酥。大概去筋去节，斩之极细，肥瘦各半，用纤合匀。

译文： 杨明府做的肉圆，大如茶杯，味道细腻无比。而汤则尤其鲜美爽口，入口如酥。大概是厨师将肉去掉筋节，切得又非常细腻，肥瘦参半，以及用芡粉调和均匀的缘故吧。

黄芽菜煨火腿

用好火腿，削下外皮，去油存肉。先用鸡汤，将皮煨酥，再将肉煨酥，放黄芽菜心，连根切段，约二寸许长，加蜜、酒酿及水，连煨半日。上口甘鲜，肉菜俱化，而菜根及菜心丝毫不散，汤亦美极。朝天宫道士法也。

译文： 选用质量好的火腿，剥掉外皮，去掉油，只留下肉。先用鸡汤将剥掉的皮煨煮到酥软，再用鸡汤将火腿肉煨煮到酥软。然后将黄芽菜心连根切下约二寸长的一段，放入锅中同火腿一起煨煮，同时放入蜜、酒酿和水，煨上半天就可以了。这道菜吃起来味道鲜美，肉和菜都很酥烂，入口即化，而菜根和菜心则丝毫不散。另外，这道菜的汤也非常鲜美。以上是朝天宫道士的烹制方法。

蜜火腿

取好火腿，连皮切大方块，用蜜酒煨极烂，最佳。但火腿好丑、高低，判若天渊。虽出金华、兰溪、义乌三处，而有名无实者多。其不佳者，反不如腌肉矣。惟杭州忠清里王三房家，四钱一斤者佳。余在尹文端公苏州公馆吃过一次，其香隔户便至，甘鲜异常，此后不能再遇此尤物矣。

译文： 制作蜜火腿时，要选用好的火腿，连带着皮切成大方块，用蜜酒煨到熟烂，这样做是最好的。但火腿质量有好坏之分，如同天壤之别。虽然都号称是出自金华、兰溪、义乌三地的火腿，但有名无实者太多了。质量不好的火腿，味道反而还不如腌肉。只有杭州忠清里王三房家卖四钱一斤的火腿最好。我曾在尹文端公的苏州公馆中吃过一次，火腿的香味隔着墙都能闻到，异常美味，以后可能再也碰不到这么好吃的了。

杂牲单

牛、羊、鹿三牲，非南人家常时有之之物。然制法不可不知。作《杂牲单》。

译文： 牛、羊、鹿，并不是南方人经常能看到的食物，但它们的做法不可不知。所以作《杂牲单》一章。

牛肉

买牛肉法，先下各铺定钱，凑取腿筋夹肉处，不精不肥。然后带回家中，剔去皮膜，用三分酒、二分水清煨，极烂；再加秋油收汤。此太牢独味孤行者也，不可加别物配搭。

译文： 买牛肉有一定的方法，先去肉铺付下定金，等店家凑足了腿筋夹肉处的肉之后，再去店铺把肉取回，此处的肉是不瘦不肥的。将肉带回家后，剥去肉上的皮膜，用三分酒、二分水轻煨到熟烂，然后加上秋油把汤汁收干。牛肉有自己独特的味道，适合单独烧制，不可以与别的食料搭配。

牛舌

牛舌最佳。去皮、撕膜、切片，入肉中同煨。亦有冬腌风干者，隔年食之，极似好火腿。

译文： 牛舌是最好不过的食物。将牛舌去掉皮、撕掉表层的膜，切成片后放入牛肉中一同煨煮。也有人将牛舌在冬天里腌制风干，来年再食用，这样做出来的牛舌很像质量上佳的火腿。

羊头

羊头毛要去净，如去不净，用火烧之。洗净切开，煮烂去骨。其口内老皮，俱要去净。将眼睛切成二块，去黑皮，眼珠不用。切成碎丁，取老肥母鸡汤煮之，加香蕈、笋丁，甜酒四两，秋油一杯。如吃辣，用小胡椒十二颗、葱花十二段；如吃酸，用好米醋一杯。

译文： 烹制羊头时，羊头上的毛要去干净，如果去不掉，就用火烧净。将羊头洗干净后切开，煮烂，并去掉骨头。羊口中的老皮都要清除干净。同时，将羊眼切成两块，去掉黑皮，眼珠丢掉。然后把羊头切成细碎的肉块，放到老肥母鸡汤中烧煮，再把香菇、笋丁、四两甜酒、一杯秋油放入汤中。如果喜欢吃辣的话，就放进去十二颗小胡椒、十二段葱花；如果喜欢吃酸的话，就倒进去一杯好的米醋。

羊蹄

煨羊蹄，照煨猪蹄法，分红、白二色。大抵用清酱者红，用盐者白。山药配之宜。

译文： 可以按照煨煮猪蹄的方法来煨煮羊蹄，羊蹄做成菜后有红、白两种成色。大体上用清酱煨煮出来的羊蹄是红色的，用盐煨煮出来的羊蹄是白色的。对羊蹄来说，山药是适合搭配的食料。

羊羹

取熟羊肉斩小块，如骰子大。鸡汤煨，加笋丁、香蕈丁、山药丁同煨。

译文： 把熟羊肉切成骰子般大小的小肉块，放入鸡汤中，并加入笋丁、香菇丁、山药丁一同煨煮，制成羊羹。

羊肚羹

将羊肚洗净，煮烂切丝，用本汤煨之，加胡椒、醋俱可。北人炒法，南人不能如其脆。钱玙沙方伯家，锅烧羊肉极佳，将求其法。

译文： 做羊肚羹时，要先将羊肚洗干净，之后把羊肚放入锅中煮，煮烂切成细丝，再用原汤煨煮，可以在汤中放入胡椒、醋等作料。而对于炒羊肚，北方人炒得比较酥脆，南方人炒得则没那么酥脆。钱玙沙方伯家的锅烧羊肉做得非常棒，我要去学一学。

红煨羊肉

与红煨猪肉同，加刺眼核桃，放入去膻。亦古法也。

译文： 烧制红煨羊肉的方法，与红煨猪肉相同。可以在煨煮羊肉时放入打过孔的核桃，这样可以吸掉羊肉的腥膻味。这也是古人的烧制方法。

炒羊肉丝

与炒猪肉丝同，可以用纤，愈细愈佳，葱丝拌之。

译文：✐ 炒羊肉丝的做法与炒猪肉丝的做法相同。将羊肉切成丝，切得越细越好，然后用芡粉打芡，用葱丝搅拌就可以了。

烧羊肉

羊肉切大块，重五七斤者，铁叉火上烧之。味果甘脆，宜惹宋仁宗夜半之思也。

译文：✐ 将羊肉切成五到七斤重的大块，用铁叉叉到火上烧烤。烧羊肉味美甘脆，这大概就是当年宋仁宗在大半夜都特别想吃的美食吧。

全羊

全羊法有七十二种，可吃者不过十八九种而已。此屠龙之技，家厨难学。一盘一碗，虽全是羊肉，而味各不同才好。

译文：✐ 对于整只羊来说，烹饪的方法有七十二种，而比较容易做得好吃的不过十八九种而已。烧制全羊是一种非常高超的技艺，一般的厨师很难学会。虽然每个盘子、每个碗中都是羊肉，但味道各有不同才是好的。

鹿肉

鹿肉不可轻得。得而制之，其嫩鲜在獐肉之上。烧食可，煨食亦可。

译文： 鹿肉是不可轻易得到的。如果得到了鹿肉，烹制后会发现鹿肉比獐肉还要鲜嫩。对于鹿肉而言，既可以烧烤食用，也可以煨煮食用。

鹿筋二法

鹿筋难烂。须三日前，先捶煮之，绞出臊水数遍；加肉汁汤煨之，再用鸡汁汤煨；加秋油、酒，微纤收汤，不搀他物，便成白色，用盘盛之。如兼用火腿、冬笋、香蕈同煨，便成红色，不收汤，以碗盛之。白色者，加花椒细末。

译文： 鹿筋很难煮烂。食用鹿筋的三天前，就要先捶打鹿筋，把它捶松后放入锅中烧煮，反复地将鹿筋中的腥臊之物清除干净。之后将其放到肉汁汤中煨煮，再用鸡汁汤煨煮。在汤中加入秋油和酒，稍微勾芡一下便收汤，不掺杂其他食物，鹿筋出锅时为白色，用盘子盛放上桌。如果在煨煮鹿筋时放入火腿、冬笋、香菇，鹿筋出锅时就为红色，不用收汤，用碗盛好上桌。呈白色的鹿筋，食用时还可以加点花椒细末。

獐肉

制獐肉，与制牛、鹿同。可以作脯。不如鹿肉之活，而细腻过之。

译文：烧制獐肉的方法，与烧制牛肉和鹿肉相同。可以将獐肉制作成肉脯。獐肉虽不如鹿肉鲜嫩，却细腻无比。

果子狸

果子狸，鲜者难得。其腌干者，用蜜酒酿，蒸熟，快刀切片上桌。先用米泔水泡一日，去尽盐秽。较火腿觉嫩而肥。

译文：新鲜的果子狸比较难以得到。腌制后晒干的果子狸，可以用蜜酒酿蒸熟，快刀切成片后上桌。烧制果子狸之前要先用米泔水泡一天，把肉内的盐分和不洁净的东西都去干净。烧制完成后的果子狸比火腿更加肥嫩。

假牛乳

用鸡蛋清拌蜜酒酿，打掇入化，上锅蒸之。以嫩腻为主，火候迟便老，蛋清太多亦老。

译文： 将鸡蛋清放入蜜酒酿中搅拌，使它们融为一体，之后上锅蒸煮。假牛乳要蒸煮到又嫩又腻才行，火候太过，容易变老，蛋清太多，也容易变老。

鹿尾

尹文端公品味，以鹿尾为第一。然南方人不能常得。从北京来者，又苦不鲜新。余尝得极大者，用菜叶包而蒸之，味果不同。其最佳处，在尾上一道浆耳。

译文： 尹文端公评价他吃过的美味时，将鹿尾巴放在第一位。但是对于南方人来说，鹿尾巴是很难得到的，而从北京带来的鹿尾巴又很不新鲜。我曾得到过一条非常大的鹿尾巴，用菜叶把它包起来，放到锅上蒸，味道果然不同凡响。鹿尾巴最好吃的地方，就是尾巴中脂肪最多的那一块。

羽族单

鸡功最巨，诸菜赖之。如善人积阴德而人不知。故令领羽族之首，而以他禽附之。作《羽族单》。

译文： 在烹饪界，鸡的功劳最大，做很多菜都要依赖它。就像善人暗中做好事，而人们都不知道一样。所以我要让鸡统领羽族，其他羽族的禽类都附在鸡后面介绍。写作《羽族单》一章。

白片鸡

肥鸡白片，自是太羹、玄酒之味。尤宜于下乡村、入旅店，烹饪不及之时，最为省便。煮时水不可多。

译文： 肥鸡的白片肉，是鸡肉中最具本味的食物，就像古代的太羹、玄酒一样。在到农村人家，或住旅店来不及细心烹饪的时候，白片鸡是最为方便的。烹煮白片鸡时，水不能放太多。

鸡松

肥鸡一只，用两腿，去筋骨剁碎，不可伤皮。用鸡蛋清、粉纤、松子肉，同剁成块。如腿不敷用，添脯子肉，切成方块。用香油灼黄，起放钵头内，加百花酒半斤、秋油一大杯、鸡油一铁勺，加冬笋、香蕈、姜、葱等。将所余鸡骨皮盖面，加水一大碗，下蒸笼蒸透，临吃去之。

译文： 选取肥鸡一只，只用两条鸡腿，把鸡肉中的筋骨去掉后，剁碎，保持鸡皮完整。再将鸡蛋清、芡粉、松仁与鸡肉块搅拌均匀。如果鸡腿肉不够用的，就添一点鸡胸脯上的肉，同样要切成小方块。将肉块用香油灼烧成黄色后起锅，再将肉块放入钵内，加上半斤百花酒、一大杯秋油、一铁勺鸡油，再放入冬笋、香菇、姜、葱等。再将剩下的鸡骨和鸡皮盖在上面，加上一大碗水，放到蒸笼中蒸透，在食用之前将鸡骨和鸡皮拿掉。

生炮鸡

小雏鸡斩小方块，秋油、酒拌，临吃时拿起，放滚油内灼之，起锅又灼，连灼三回，盛起，用醋、酒、粉纤、葱花喷之。

译文： 将小雏鸡切成小肉块，加秋油和酒搅拌。临吃之前，将拌好的鸡肉块取出，放入沸滚的油中炸，起锅后再放入炸一遍，如此反复三遍，盛出后浇上醋、酒、芡粉、葱花就行了。

鸡粥

肥母鸡一只，用刀将两脯肉去皮细刮，或用刨刀亦可。只可刮刨，不可斩，斩之便不腻矣。再用余鸡熬汤下之。吃时加细米粉、火腿屑、松子肉，共敲碎放汤内。起锅时放葱、姜，浇鸡油，或去渣，或存渣，俱可。宜于老人。大概斩碎者去渣，刮刨者不去渣。

译文： 做鸡粥时，选取肥母鸡一只，用刀将鸡两边胸脯肉上的皮去掉，然后将肉细细刮出，用刨刀细细地刨也是可以的。对鸡肉，只可以刮或刨，不可以剁，剁碎的鸡肉感觉不出肉质的细腻。刮完或刨完胸脯肉之后，把鸡剩下的部分放入锅中熬汤。食用之前，将细米粉、火腿屑、松仁等一同敲碎，放入汤中。起锅时，放入葱和姜，浇上鸡油。汤去渣和存渣都是可以的。剁碎的鸡需要去掉汤中的渣滓，刮刨的鸡则不需要。鸡肉适合给老年人食用。

焦鸡

肥母鸡洗净，整下锅煮。用猪油四两、茴香四个，煮成八分熟，再拿香油灼黄，还下原汤熬浓，用秋油、酒、整葱收起。临上片碎，并将原卤浇之，或拌蘸亦可。此杨中丞家法也。方辅兄家亦好。

译文： 做焦鸡之前，要把肥母鸡洗干净，整只放入锅中煮，再放入四两猪油、四个茴香，将鸡肉煮成八分熟。之后将煮好的鸡肉取出，放入锅中用香油炸成黄色，再放入熬过鸡肉的原汤中熬煮，汤熬浓厚之后，加入秋油、酒和整根葱收汤出锅。临上桌前，把鸡肉切成一片一片的，并将原来的卤汁浇在鸡片上。也可以不浇卤汁，用调料拌匀吃，或者用鸡片蘸酱吃都是可以的。这是杨中丞家的烹制方法，方辅兄家做得也不错。

捶鸡

将整鸡捶碎，秋油、酒煮之。南京高南昌太守家制之最精。

译文： 将整只鸡捶碎，放入秋油和酒中烹煮。南京高南昌太守家的捶鸡做得最好吃。

炒鸡片

用鸡脯肉去皮，斩成薄片。用豆粉、麻油、秋油拌之，纤粉调之，鸡蛋清拌。临下锅加酱、瓜、姜、葱花末。须用极旺之火炒。一盘不过四两，火气才透。

译文： 炒鸡片要选取鸡胸脯上的肉，将肉去皮后切成薄片。用豆粉、麻油、秋油调拌，加入芡粉，再用鸡蛋清拌匀。临下锅时放入酱、瓜、姜、葱花末，用猛火炒。炒鸡片时，一盘最好不要超过四两肉，因为肉多了很难炒透。

蒸小鸡

用小嫩鸡雏，整放盘中，上加秋油、甜酒、香蕈、笋尖，饭锅上蒸之。

译文： 把小嫩鸡雏整只放在盘中，上面浇上秋油、甜酒，放入香菇、笋尖，然后放在饭锅上蒸熟就可以了。

酱鸡

生鸡一只，用清酱浸一昼夜，而风干之。此三冬菜也。

译文： 选取一只活鸡，用清酱浸泡腌制一天一夜，然后风干。酱鸡是冬天吃的菜。

鸡丁

取鸡脯子，切骰子小块，入滚油炮炒之，用秋油、酒收起；加荸荠丁、笋丁、香蕈丁拌之，汤以黑色为佳。

译文： 把鸡胸脯肉切成骰子大小的肉块，放入沸滚的油中爆炒，加秋油和酒起锅。之后加入荸荠丁、笋丁和香菇丁，与鸡丁拌匀。汤汁以黑色为最佳。

鸡圆

斩鸡脯子肉为圆，如酒杯大，鲜嫩如虾团。扬州臧八太爷家，制之最精。法用猪油、萝卜、纤粉揉成，不可放馅。

译文： 将鸡胸脯肉剁碎，制成如酒杯大小的鸡圆，鸡圆的鲜嫩是可以跟虾圆相提并论的。扬州臧八太爷家制作的鸡圆最好。他们家的做法是：用芡粉将猪油、萝卜与鸡肉一同搓揉成鸡圆，中间不放馅。

蘑菇煨鸡

口蘑菇四两，开水泡去砂，用冷水漂，牙刷擦，再用清水漂四次，用菜油二两炮透，加酒喷。将鸡斩块放锅内，滚去沫，下甜酒、清酱，煨八分功程，下蘑菇，再煨二分功程，加笋、葱、椒起锅，不用水，加冰糖三钱。

译文： 选取四两口蘑菇，用开水浸泡以去掉蘑菇中的砂，用冷水漂，用牙刷擦，再用清水漂洗四遍。之后将洗干净的蘑菇用二两菜油爆炒，将酒喷在上面。同时，将鸡肉切成块放入锅内，撇去沫，放入甜酒和清酱，煨煮到八分熟，再将炒好的蘑菇放入，煨煮至熟透。然后，加入笋、葱、椒后起锅，不用加水，最后放入三钱冰糖。

梨炒鸡

取雏鸡胸肉切片，先用猪油三两熬熟，炒三四次，加麻油一瓢，纤粉、盐花、姜汁、花椒末各一茶匙，再加雪梨薄片，香蕈小块，炒三四次起锅，盛五寸盘。

译文： 将小雏鸡的胸脯肉切成片，放入已熬熟的三两猪油中，炒上三四次。倒入一瓢麻油，再放入芡粉、盐花、姜汁、花椒末各一茶匙。同时，将雪梨切成薄片，将香菇切成小块，把雪梨薄片和香菇块放入锅中，与鸡肉一起炒，炒上三四次后起锅，盛在五寸的盘子中。

假野鸡卷

将脯子斩碎，用鸡子一个，调清酱郁之，将网油画碎，分包小包，油里炮透，再加清酱、酒作料，香蕈、木耳起锅，加糖一撮。

译文： 将鸡胸脯肉切碎，打入一个鸡蛋调拌，然后放入清酱中浸泡腌制。同时将网油划成一块块的，用划开的网油把鸡肉包成一个个小包，放在沸滚的油中炸透。之后放入清酱、酒，再放入香菇和木耳后起锅，加入一小撮糖。

黄芽菜炒鸡

将鸡切块，起油锅生炒透，酒滚二三十次，加秋油后滚二三十次，下水滚。将菜切块，俟鸡有七分熟，将菜下锅，再滚三分，加糖、葱、大料。其菜要另滚熟搀用。每一只用油四两。

译文： 在锅中把油烧好，将鸡肉切成块后放入油锅中炒透。往锅中加入酒，滚上二三十次，之后锅中加入秋油，再滚上二三十次，加水后再滚。将黄芽菜也切成块，等鸡肉七分熟时，将黄芽菜下锅，和鸡肉一起滚至熟透，再加糖、葱、大料等作料。黄芽菜要另外烧熟后才可放入鸡肉中。烧制一只鸡要用四两油。

栗子炒鸡

鸡斩块，用菜油二两炮，加酒一饭碗，秋油一小杯，水一饭碗，煨七分熟。先将栗子煮熟，同笋下之，再煨三分起锅，下糖一撮。

译文：🖊 将鸡肉切成肉块，用二两菜油煎炒，倒入一碗酒、一小杯秋油和一碗水，煨煮至七分熟。然后将先前已煮熟的栗子和笋一同下到鸡肉中，煨熟后起锅，加一小撮糖。

灼八块

嫩鸡一只，斩八块，滚油炮透，去油，加清酱一杯、酒半斤，煨熟便起，不用水，用武火。

译文：🖊 选取嫩鸡一只，剁成八块，放到沸油中炸透。之后将锅中的油倒干，往锅中倒入一杯清酱、半斤酒，煨熟后起锅。做这道菜时，不用加水，却要用猛火烧制。

珍珠团

熟鸡脯子，切黄豆大块，清酱、酒拌匀，用干面滚满，入锅炒。炒用素油。

译文：🖊 将煮熟的鸡胸脯肉，切成黄豆般大小的小肉块。用清酱和酒拌匀，放入干面粉中滚，然后将粘满了干面粉的鸡块放入锅中，用素油炒透。

黄芪蒸鸡治瘵

取童鸡未曾生蛋者杀之，不见水，取出肚脏，塞黄芪一两，架箸放锅内蒸之，四面封口，熟时取出，卤浓而鲜，可疗弱症。

译文： 选取一只没有下过蛋的童子鸡，宰杀时不要让鸡沾水，取出鸡的内脏，塞入一两黄芪。将筷子架到锅上，把鸡放到筷子上蒸。蒸鸡肉时，锅的四面要封严实，鸡肉蒸熟后取出。起锅后，卤汁浓稠又鲜美，可以用来治疗痨病。

卤鸡

囫囵鸡一只，肚内塞葱三十条、茴香二钱，用酒一斤、秋油一小杯半，先滚一枝香，加水一斤、脂油二两，一齐同煨；待鸡熟，取出脂油。水要用熟水，收浓卤一饭碗，才取起；或拆碎，或薄刀片之，仍以原卤拌食。

译文： 选取一只完整的鸡，往其肚内塞入三十条葱，二钱茴香。然后再把鸡放入一斤酒和一小杯半秋油中，先滚上一炷香的时间，再加入一斤水、二两脂油，与鸡肉一同煨煮。

在烧制卤鸡时，倒入的水应是开水。鸡肉煮熟后，把脂油取出，再煮到锅中的浓汤剩下一碗左右时起锅。吃卤鸡时，可以将鸡拆碎吃，也可以用薄刀将鸡肉切片后吃，只要把原汤拌入肉中就好。

蒋鸡

童子鸡一只，用盐四钱、酱油一匙、老酒半茶杯、姜三大片，放砂锅内，隔水蒸烂，去骨，不用水。蒋御史家法也。

译文： 选取童子鸡一只，把四钱盐、一匙酱油、半茶杯老酒、三大片姜和鸡肉一起放到砂锅内，隔水蒸。蒸烂后，去掉鸡骨头，倒掉水，这道菜就完成了。这是蒋御史家的烹饪方法。

唐鸡

鸡一只，或二斤，或三斤。如用二斤者，用酒一饭碗、水三饭碗；用三斤者，酌添。先将鸡切块，用菜油二两，候滚熟，爆鸡要透。先用酒滚一二十滚，再下水约二三百滚，用秋油一酒杯，起锅时加白糖一钱。唐静涵家法也。

译文： 选取一只二斤或三斤的鸡。如果是二斤的鸡，就备好一碗酒、三碗水；如果是三斤的鸡，酌量添加酒和水。先把鸡肉切成块，将二两菜油滚熟后，放入鸡块爆炒。将鸡肉炒透后，放入酒中滚上一二十滚，之后放入水中滚上二三百滚，之后倒入一酒杯秋油。起锅时，加入一钱白糖。这是唐静涵家的烹制方法。

鸡肝

用酒、醋喷炒，以嫩为贵。

译文： 炒鸡肝时，要用酒和醋喷炒，以肝嫩为最佳。

鸡血

取鸡血为条，加鸡汤、酱、醋、索粉作羹，宜于老人。

译文： 把凝固的鸡血切成条，加入鸡汤、酱油、醋、粉丝做成羹，适合老年人食用。

鸡丝

拆鸡为丝，秋油、芥末、醋拌之，此杭州菜也。加笋加芹俱可。用笋丝、秋油、酒炒之亦可。拌者用熟鸡，炒者用生鸡。

译文： 将煮熟的鸡肉切成丝，加入秋油、芥末、醋拌匀，这是杭州人拌鸡丝的吃法。在鸡丝中加笋丝、加芹菜都是可以的。另外，用笋丝、秋油、酒炒鸡丝也是可以的。需要注意的是，拌鸡丝需要用熟鸡肉，炒鸡丝则用生鸡肉。

糟鸡

糟鸡法，与糟肉同。

译文： 烹制糟鸡的方法与烹制糟肉的方法相同。

鸡肾

取鸡肾三十个，煮微熟，去皮，用鸡汤加作料煨之，鲜嫩绝伦。

译文： 选取三十个鸡肾，煮到微熟，去掉鸡肾上的皮，用鸡汤加作料煨煮，味道鲜嫩无比。

鸡蛋

鸡蛋去壳放碗中，将竹箸打一千回蒸之，绝嫩。凡蛋一煮而老，一千煮而反嫩。加茶叶煮者，以两炷香为度。蛋一百，用盐一两；五十，用盐五钱。加酱煨亦可。其他则或煎或炒俱可。斩碎黄雀蒸之，亦佳。

译文： 把鸡蛋打入碗中，用竹筷子将碗中的鸡蛋多次搅拌，然后蒸食，非常鲜嫩。煮鸡蛋时，煮得时间短了，鸡蛋会变老，煮得时间长了，鸡蛋反而会鲜嫩。用茶叶煮鸡蛋，要用两炷香的时间。一百个鸡蛋，要加一两盐，五十个鸡蛋，要加五钱盐。对鸡蛋来说，除了蒸食和煮食，加酱油煨煮也是可以的。其他的做法，如煎鸡蛋、炒鸡蛋都是可以的。把黄雀切碎后与鸡蛋一起蒸着吃，也很好吃。

野鸡五法

野鸡披胸肉，清酱郁过，以网油包放铁奁上烧之。作方片可，作卷子亦可。此一法也。切片加作料炒，一法也。取胸肉作丁，一法也。当家鸡整煨，一法也。先用油灼拆丝，加酒、秋油、醋，同芹菜冷拌，一法也。生片其肉，入火锅中，登时便吃，亦一法也。其弊在肉嫩则味不入，味入则肉又老。

译文： 烹制野鸡有好几种方法。第一种方法是：将野鸡胸脯肉切下，用清酱浸泡一下，用网油将肉片或小肉块包起来，放在铁奁中烧熟。将肉切成片，也可以切成小块做卷子。第二种方法是：把鸡肉切成片，加作料热炒。第三种方法是把鸡胸脯肉切成肉丁。第四种方法是跟做家鸡一样，整只鸡放入锅中煨煮。第五种方法是先用油把鸡肉烧熟，切成丝，加酒、秋油、醋，放入芹菜冷拌。另外还有一种吃法是，把生肉片放入火锅中，涮一下吃。这种吃法的弊端在于肉太嫩就不容易入味，入味后肉质又容易变老。

赤炖肉鸡

赤炖肉鸡，洗切净，每一斤用好酒十二两、盐二钱五分、冰糖四钱，研，酌加桂皮，同入砂锅中，文炭火煨之。倘酒将干，鸡肉尚未烂，每斤酌加清开水一茶杯。

译文： 烧制红炖鸡肉，要先把鸡肉洗净切好。每一斤鸡肉要同十二两好酒、二钱五分盐、研磨好的四钱冰糖一起放入砂锅中，酌量加入些桂皮，文火慢煮。如果锅中的酒烧干了，鸡肉却没有煮烂，就每斤鸡肉再酌量加一茶杯清开水。

蘑菇煨鸡

鸡肉一斤，甜酒一斤，盐三钱，冰糖四钱，蘑菇用新鲜不霉者，文火煨两枝线香为度。不可用水，先煨鸡八分熟，再下蘑菇。

译文： 做蘑菇煨鸡时，要备好一斤鸡肉，以及一斤甜酒、三钱盐、四钱冰糖和新鲜的没有发霉的蘑菇。将鸡肉和除蘑菇以外的其他食料放入锅中，用文火煨煮两炷线香的时间，不用加水。等鸡肉煨煮到八分熟时，再放入蘑菇一同煨煮即可。

鸽子

鸽子加好火腿同煨，甚佳。不用火肉，亦可。

译文： 鸽子和质量好的火腿一同煨煮，味道非常好。不加火腿也是可以的。

鸽蛋

煨鸽蛋法，与煨鸡肾同。或煎食亦可，加微醋亦可。

译文： 煨煮鸽子蛋的方法与煨煮鸡肾的方法相同。鸽子蛋用油煎食也可以，加醋也行。

野鸭

野鸭切厚片，秋油郁过，用两片雪梨，夹住炮炒之。苏州包道台家，制法最精，今失传矣。用蒸家鸭法蒸之，亦可。

译文： 将野鸭肉切成厚片，放到秋油中浸泡腌制。之后用两片雪梨夹住鸭肉，放入油中爆炒。苏州包道台家烹制的鸭肉最好吃，可惜制作方法已经失传。用蒸家鸭的方法烹制野鸭也是可以的。

蒸鸭

生肥鸭去骨，内用糯米一酒杯、火腿丁、大头菜丁、香蕈、笋丁、秋油、酒、小磨麻油、葱花，俱灌鸭肚内，外用鸡汤放盘中，隔水蒸透。此真定魏太守家法也。

译文： 把活肥鸭宰杀后去掉骨头，将一酒杯糯米、火腿丁、大头菜丁、香菇、笋丁、秋油、酒、小磨麻油、葱花等食料一齐塞入鸭的肚子中。将塞满食料的鸭子放在装有鸡汤的盘中，隔水蒸熟。这是真定魏太守家的做法。

鸭糊涂

用肥鸭，白煮八分熟，冷定去骨，拆成天然不方不圆之块，下原汤内煨，加盐三钱、酒半斤，捶碎山药，同下锅作纤。临煨烂时，再加姜末、香蕈、葱花。如要浓汤，加放粉纤。以芋代山药亦妙。

译文： 做鸭肉粥时，把肥鸭放入锅中用白水煮到八分熟，把鸭肉捞出冷却后去掉鸭骨头。之后将鸭肉随意撕成不方不圆的肉块，放入原汤中煨煮，加三钱盐、半斤酒，再将山药捶碎后放入锅中勾芡。鸭肉临煨煮熟烂之前，放入姜末、香菇和葱花。要想让汤变浓，需要放入芡粉。另外，用芋头代替山药，做出来的粥也很好吃。

卤鸭

不用水，用酒，煮鸭去骨，加作料食之。高要令杨公家法也。

译文： 烹制卤鸭时，要用酒煮，而不用水。将煮熟的鸭子去掉骨头，加入作料后即可食用。这是高要令杨公家的烹制方法。

鸭脯

用肥鸭，斩大方块，用酒半斤、秋油一杯、笋、香蕈、葱花闷之，收卤起锅。

译文： 将肥鸭切成大肉块，把半斤酒、一杯秋油，以及笋、香菇和葱花等作料放入锅中，一同焖煮。焖熟后，收干卤汁，就可起锅上桌。

烧鸭

用雏鸭，上叉烧之。冯观察家厨最精。

译文： 选取肉嫩的小雏鸭，用叉子叉好后烧烤。冯观察家的烧鸭做得最好。

挂卤鸭

塞葱鸭腹，盖闷而烧。水西门许店最精。家中不能作。有黄、黑二色，黄者更妙。

译文： 将葱塞入鸭的肚子内，放入锅中，将锅盖盖严实后焖烧。水西门许店做得最好，一般在家中则很难烹制。挂卤鸭有黄、黑两种颜色，黄色的更好吃。

干蒸鸭

杭州商人何星举家干蒸鸭：将肥鸭一只，洗净斩八块，加甜酒、秋油，淹满鸭面，放磁罐中封好，置干锅中蒸之；用文炭火，不用水，临上时，其精肉皆烂如泥。以线香二枝为度。

译文： 杭州商人何星举家干蒸鸭的烹制方法是：将一只肥鸭子洗干净，切成八块后放入瓷罐中，倒入甜酒和秋油，使之淹过鸭子，之后将瓷罐封好，放入干锅中蒸煮。火要选用文炭火，不用加水。煮熟后，鸭的瘦肉会熟烂如泥。干蒸鸭一般要蒸两炷线香的时间。

野鸭团

细斩野鸭胸前肉，加猪油微纤，调揉成团，入鸡汤滚之。或用本鸭汤亦佳。太兴孔亲家制之，甚精。

译文： 将野鸭胸脯肉细细切碎，用猪油和一点点芡粉将鸭肉及作料揉成肉团。将肉团放入鸡汤中滚煮，用鸭汤滚煮也是不错的。太兴孔亲家制作的野鸭团非常好吃。

徐鸭

顶大鲜鸭一只，用百花酒十二两、青盐一两二钱、滚水一汤碗，冲化去渣沫，再兑冷水七饭碗，鲜姜四厚片，约重一两，同入大瓦盖钵内，将皮纸封固口，用大火笼烧透大炭吉三元（约二文一个），外用套包一个，将火笼罩定，不可令其走气。约早点时炖起，至晚方好。速则恐其不透，味便不佳矣。其炭吉烧透后，不宜更换瓦钵，亦不宜预先开看。鸭破开时，将清水洗后，用洁净无浆布拭干入钵。

译文： 选取一个特大的鲜鸭，用十二两百花酒、一两二钱青盐、一汤碗开水，把青盐冲化去掉渣沫。之后再兑入七饭碗冷水、约重一两的四厚片鲜姜，将它们一并放入大瓦盖钵肉，用皮纸封好钵口。再将钵放入火炉中，用二文一个的大炭吉做燃料——做徐鸭时需要烧透三元钱的炭吉。用套包将火笼封住，不要使热气散失。做徐鸭，从吃早饭时就开始炖，直到晚上才能炖好。炖的时间短了，鸭肉恐怕不会炖透，这样鸭肉的味道也不会太好。炭吉烧透后，不可以更换瓦钵，鸭子熟之前，也不能提前打开看。另外，宰杀鸭子时，要用清水洗净鸭肉，再用干净的没有浆过的布擦干鸭肉，之后将鸭肉放入钵中。

煨麻雀

取麻雀五十只，以清酱、甜酒煨之，熟后去爪脚，单取雀胸、头肉，连汤放盘中，甘鲜异常。其他鸟鹊俱可类推。但鲜者一时难得。薛生白常劝人："勿食人间豢养之物。"以野禽味鲜，且易消化。

译文： 将五十只麻雀放入清酱和甜酒中煨煮。煮熟后，去掉麻雀的爪子，只取麻雀的胸脯肉，连汤一起放入盘中食用，非常鲜美。其他鸟雀也可以这样烹制，但鲜鸟雀比较难得。薛生白经常跟人说不要吃家禽，要吃野生的。这么说是因为野禽味道鲜美，而且易于消化。

煨鷯鹑 黄雀

鷯鹑用六合来者最佳，有现成制好者。黄雀用苏州糟，加蜜酒煨烂，下作料，与煨麻雀同。苏州沈观察煨黄雀，并骨如泥，不知作何制法。炒鱼片亦精。其厨馔之精，合吴门推为第一。

译文： 江苏六合产的鷯鹑最好，且那里有制好的现成的煨鷯鹑。烹制黄雀要用苏州酒糟和蜜酒，放入作料，将黄雀一齐煨烂。制作方法与烹制麻雀的方法相同。苏州沈观察家做的煨黄雀，骨烂如泥，但不知道具体烹饪方法是什么。他们家炒鱼片做得也很好吃，其厨艺之精可算是全苏州第一。

云林鹅

《倪云林集》中，载制鹅法。整鹅一只，洗净后，用盐三钱擦其腹内，塞葱一帚填实其中，外将蜜拌酒通身满涂之。锅中一大碗酒、一大碗水蒸之，用竹箸架之，不使鹅身近水。灶内用山茅二束，缓缓烧尽为度。俟锅盖冷后，揭开锅盖，将鹅翻身，仍将锅盖封好蒸之，再用茅柴一束，烧尽为度；柴俟其自尽，不可挑拨。锅盖用绵纸糊封，逼燥裂缝，以水润之。起锅时，不但鹅烂如泥，汤亦鲜美。以此法制鸭，味美亦同。每茅柴一束，重一斤八两。擦盐时，串入葱、椒末子，以酒和匀。《云林集》中，载食品甚多；只此一法，试之颇效，余俱附会。

译文： 《倪云林集》中记载了烹制鹅肉的方法：选取一只整鹅，洗干净后，用三钱盐在鹅的肚子中擦一遍，然后塞一把葱进鹅肚子，同时把蜜拌入酒中，将鹅通身涂一遍。在锅中倒入一大碗酒和一大碗水，用竹筷子把鹅架到锅上，不让鹅碰到水。在灶内放入二束山茅，让它缓慢烧尽，等锅盖冷却后，揭开锅盖，将鹅翻一下身，再将锅盖封好，继续蒸。之后，在灶内放入一束茅柴，等茅柴自己烧尽，不要去挑拨柴火。锅盖要用绵纸糊好封实，如果绵纸干燥裂缝，就用水湿润一下。煮熟起锅后，不但鹅肉熟烂如泥，肉汤也很鲜美。用这种方法烹制鸭肉，味道也一样鲜美。需要注意的是：前面所说的茅柴，一束大约要重一斤八两；而在擦盐时，要掺入葱和椒末，用酒调和均匀。《倪云林集》所记载的烹制方法有很多，而只有烹制鹅肉的方法比较有效，其他的只是牵强附会而已。

烧鹅

杭州烧鹅，为人所笑，以其生也，不如家厨自烧为妙。

译文： 杭州的烧鹅，总是被人取笑，因为它烧出来是半生不熟的，还不如我家厨师烧得好。

水族有鳞单

鱼皆去鳞，惟鲥鱼不去。我道有鳞而鱼形始全。作《水族有鳞单》。

译文： 做鱼时都要把鱼鳞先去掉，只有鲥鱼不去鳞。我认为，鱼有鳞外形才完整。写作《水族有鳞单》一章。

边鱼

边鱼活者，加酒、秋油蒸之。玉色为度。一作呆白色，则肉老而味变矣。并须盖好，不可受锅盖上之水气。临起加香蕈、笋尖。或用酒煎亦佳，用酒不用水，号“假鲥鱼”。

译文： 选取鲜活的边鱼，放入酒和秋油中蒸煮，蒸到鱼肉呈白玉一般的颜色为止。如果鱼蒸到变成了呆白色，就说明鱼肉蒸过了，味道也就变了。蒸边鱼时需要把锅盖盖好，不能使鱼沾染锅盖上的水汽。临起锅时加入香菇和笋尖。另外，边鱼用酒煎食也很好，只是用酒，不用水，这样做出来的边鱼被称为“假鲥鱼”。

鲫鱼

鲫鱼先要善买。择其扁身而带白色者，其肉嫩而松，熟后一提，肉即卸骨而下。黑脊浑身者，崛强槎丫，鱼中之喇子也，断不可食。照边鱼蒸法，最佳。其次煎吃亦妙。拆肉下可以作羹。通州人能煨之，骨尾俱酥，号“酥鱼”，利小儿食，然总不如蒸食之得真味也。六合龙池出者，愈大愈嫩，亦奇。蒸时用酒不用水，稍稍用糖以起其鲜。以鱼之小大，酌量秋油、酒之多寡。

译文： 烧制鲫鱼，首先要会选购鲫鱼。买鲫鱼就买那种身形较扁又带有白色的，这种鲫鱼肉质松且鲜嫩，烹熟后用手一提，鱼肉就会脱离骨头。那种黑色脊背、体色混浊的鲫鱼，鱼刺会如交叉错杂的树枝一样，这种鱼算是鲫鱼中的败类了，千万不要食用。烹制鲫鱼的方法有很多。按照烹制边鱼的方法来烹制鲫鱼是最好的。其次，煎着吃也是不错的。将鱼肉取下也可以做羹。另外，通州人会做煨鲫鱼，骨头和尾巴都可以煨到酥烂，号称“酥鱼”，有利于小孩食用，但是“酥鱼”总不如蒸鲫鱼那样能品尝到鲫鱼的真味。六合龙池出产的鲫鱼，个头越大却越鲜嫩，令人称奇。在蒸鲫鱼时，稍微加一点糖可以使鱼肉更加鲜美。同时，要根据鱼的大小，来酌量倒入秋油和酒。

白鱼

白鱼肉最细。用糟鲥鱼同蒸之，最佳。或冬日微腌，加酒酿糟二日，亦佳。余在江中得网起活者，用酒蒸食，美不可言。糟之最佳，不可太久，久则肉木矣。

译文： 白鱼的肉是最细嫩的。烹制白鱼最好的做法是用糟腌过的鲥鱼与白鱼一起蒸食。或者在冬天将白鱼稍微腌制一下，再加入酒酿中糟腌两天，这种做法也是很好的。我曾在江中网过鲜活的白鱼，把它用酒蒸熟，味道妙不可言。糟腌白鱼是最佳做法，但需要注意的是，腌制的时间不能太久，否则鱼肉就会老如木头，干硬无味。

季鱼

季鱼少骨，炒片最佳。炒者以片薄为贵。用秋油细郁后，用纤粉、蛋清搂之，入油锅炒，加作料炒之。油用素油。

译文： 季鱼的骨头少，炒鱼片吃最佳，且鱼片切得越薄越好。炒之前，要先用秋油将鱼片细细地浸泡一遍，然后再将鱼片用芡粉和蛋清调拌好，放入油锅中，加作料炒。注意，炒鱼片时要用素油。

土步鱼

杭州以土步鱼为上品，而金陵人贱之，目为虎头蛇，可发一笑。肉最松嫩，煎之、煮之、蒸之俱可。加腌芥作汤、作羹，尤鲜。

译文： 杭州人把土步鱼视为上等食品，而南京人却看不起它，视之为虎头蛇，真是搞笑。土步鱼肉质最松嫩，而且可用的烹制方法也很多，煎、煮、蒸都是可以的。与腌芥菜一起做羹汤，味道尤其鲜美。

鱼松

用青鱼、鲜鱼蒸熟，将肉拆下，放油锅中灼之，黄色，加盐花、葱、椒、瓜、姜。冬日封瓶中，可以一月。

译文： 将青鱼和鲜鱼蒸熟，把肉取下，去掉骨头，放入油锅中炸成黄色，再加入盐花、葱、椒、瓜、姜。冬天将做好的鱼松放入瓶中封好，可以存放一个月。

鱼圆

用白鱼、青鱼活者，剖半钉板上，用刀刮下肉，留刺在板上。将肉斩化，用豆粉、猪油拌，将手搅之。放微微盐水，不用清酱，加葱、姜汁作团，成后，放滚水中煮熟撩起，冷水养之，临吃入鸡汤、紫菜滚。

译文： 做鱼圆时，将鲜活的白鱼和青鱼剖成两半，钉在木板上，用刀把鱼肉刮下，而鱼刺则留在板子上。之后将肉切成肉末，加入豆粉和猪肉，用手将它们搅拌均匀。然后倒入一点盐水，放进葱和姜汁，不用放清酱，把它们揉成鱼肉团。成团之后，放入沸滚的水中煮熟捞起，再放进冷水中养着，不要让它们失掉水分。临吃时，将鱼圆放入鸡汤中，加入紫菜一起烧滚。

鱼片

取青鱼、季鱼片，秋油郁之，加纤粉、蛋清，起油锅炮炒，用小盘盛起，加葱、椒、瓜、姜，极多不过六两，太多则火气不透。

译文： 取青鱼片和季鱼片，放入秋油中浸泡腌制，加入芡粉和蛋清调好，之后放入油锅中爆炒。炒熟后用小盘盛起，加入葱、椒、瓜、姜等作料就可以吃了。要注意的是，炒鱼片最多不要超过六两，鱼片太多的话不容易炒透。

连鱼豆腐

用大连鱼煎熟，加豆腐，喷酱、水、葱、酒滚之，俟汤色半红起锅，其头味尤美，此杭州菜也。用酱多少，须相鱼而行。

译文： 将大连鱼煎熟，放入豆腐，再倒入酱油、水和酒，加点葱后滚煮。等到汤的颜色变得半红后起锅。连鱼豆腐中的鱼头味道尤其鲜美。这是一道杭州菜。需要注意的是，倒入酱油的多少，需要根据鱼个头的大小来定。

醋搂鱼

用活青鱼切大块，油灼之，加酱、醋、酒喷之，汤多为妙。俟熟即速起锅。此物杭州西湖上五柳居最有名。而今则酱臭而鱼败矣。甚矣！宋嫂鱼羹，徒存虚名。《梦粱录》不足信也。鱼不可大，大则味不入；不可小，小则刺多。

译文： 把鲜活的青鱼切成大块，放入油中炸，再倒入酱油、醋和酒。这道菜要汤多才好，等熟后迅速起锅。杭州西湖上五柳居的醋搂鱼最有名，可惜现在已经大不如前了。宋嫂鱼羹名声很大，但却是徒有虚名，《梦粱录》的记载是不可信的。做醋搂鱼时，鱼的大小要适中，太大的话味进不去，太小鱼刺又多。

银鱼

银鱼起水时，名冰鲜。加鸡汤、火腿汤煨之，或炒食甚嫩。干者泡软，用酱水炒亦妙。

译文： 银鱼被捞出水面后，因为它近乎透明的身体，往往被称为冰鲜。将其放入鸡汤和火腿汤中煨煮而食。或者炒着吃，也很鲜嫩。另外，也可将银鱼干放入水中泡软，再用酱油和水炒，这种做法也很好。

台鲞

台鲞好丑不一。出台州松门者为佳，肉软而鲜肥。生时拆之，便可当作小菜，不必煮食也；用鲜肉同煨，须肉烂时放鲞，否则，鲞消化不见矣，冻之即为鲞冻，绍兴人法也。

译文： 台鲞的质量有好有坏，台州松门的台鲞质量最佳，肉质柔软而鲜肥。台鲞拆开就可以当小菜吃，不必煮食。将台鲞和鲜肉一同煨煮，需要等鲜肉煮烂后再放入台鲞，放得过早的话，鲞就会煮化。另外，绍兴人将鲞冷冻，制成冻鲞。

糟鲞

冬日用大鲤鱼，腌而干之，入酒糟，置坛中，封口。夏日食之。不可烧酒作泡。用烧酒者，不无辣味。

译文： 在冬天，把大鲤鱼腌制过后风干，放入坛装的酒糟中密封起来。等到夏天，糟过的鲞就可以吃了。注意，不要用烧酒泡，否则会有辣味。

虾子勒鲞

夏日选白净带子勒鲞，放水中一日，泡去盐味，太阳晒干，入锅油煎，一面黄取起，以一面未黄者铺上虾子，放盘中，加白糖蒸之，以一炷香为度。三伏日食之绝妙。

译文： 在夏天，选用白净又带鱼子的鳓鱼鲞，放入水中浸泡一天，将其中的盐味泡去。之后在太阳下晒干，再放入锅中用油煎，等一面煎黄后，将鱼肉取出。在没有煎黄的一面铺上虾子，放入盘中，加上白糖，蒸煮一炷香的时间。三伏天吃虾子勒鲞真是妙极了！

鱼脯

活青鱼去头尾，斩小方块，盐腌透，风干，入锅油煎。加作料收卤，再炒芝麻滚拌起锅。苏州法也。

译文： 把鲜活的青鱼剁去头和尾巴，切成小方块。将肉块放入盐中腌透，再放到通风处风干。之后将鱼肉放入锅中油炸，加入作料后收汁，再将炒好的芝麻拌入其中，之后起锅。这是苏州人做鱼脯的方法。

家常煎鱼

家常煎鱼，须要耐性。将鲜鱼洗净，切块盐腌，压扁，入油中两面熯黄，多加酒、秋油，文火慢慢滚之，然后收汤作卤，使作料之味全入鱼中。第此法指鱼之不活者而言。如活者，又以速起锅为妙。

译文： 做家常煎鱼是需要有耐性的。将鲜鱼洗干净，切成块后用盐腌制，再将腌过的鱼块压扁，放入油中，两面都煎黄。之后多加一点酒和秋油，文火慢煮，最后收汤作卤汁，这时作料的味道就全收进鱼肉中了。但这种方法是对不那么鲜活的鱼来说的，如果鱼是鲜活的，则要尽快起锅。

黄姑鱼

岳州出小鱼，长二三寸，晒干寄来。加酒剥皮，放饭锅上，蒸而食之，味最鲜，号“黄姑鱼”。

译文： 岳州出产长二三寸的小鱼。有朋友将这种小鱼晒干后寄给我，我把小鱼剥皮，并加酒调味，放入锅中蒸着吃，味道鲜美，这种鱼叫“黄姑鱼”。

水族无鳞单

鱼无鳞者，其腥加倍，须加意烹饪，以姜、桂胜之。作《水族无鳞单》。

译文：🖊 没有鱼鳞的鱼，腥味比有鳞的鱼重很多，烹饪时需要多加注意，可以用姜和桂皮盖住腥味。写作《水族无鳞单》一章。

汤鳗

鳗鱼最忌出骨，因此物性本腥重，不可过于摆布，失其天真，犹鲥鱼之不可去鳞也。清煨者，以河鳗一条，洗去滑涎，斩寸为段，入磁罐中，用酒水煨烂，下秋油起锅，加冬腌新芥菜作汤，重用葱、姜之类，以杀其腥。常熟顾比部家，用纤粉、山药干煨，亦妙。或加作料，直置盘中蒸之，不用水。家致华分司蒸鳗最佳。秋油、酒四六兑，务使汤浮于本身。起笼时，尤要恰好，迟则皮皱味失。

译文：🖊 做鳗鱼时最忌讳把骨头剔除，因为鳗鱼是腥味很重的食物，不要过多地去摆弄它，否则它容易失掉其本来的鲜味，就如同烹制鲥鱼时不要去掉鳞片一样。做鳗鱼时，可以选择清煨：选取一条河鳗，洗去身上腥味重的黏液，切成一寸左右的肉段，放入瓷罐中，加酒水煨烂，之后下秋油起锅。在做清煨鳗鱼时，要放入冬天新腌制的芥菜做汤，多放一些葱、姜之类的作料，以去除鳗鱼的腥气。常熟顾比部家用芡粉和山药干煨的鳗鱼，也很好吃。或者在鳗鱼中加作料，直接放入盘中蒸，不加水。家致华分司家的蒸鳗鱼做得最好，具体烹制方法是：把秋油和酒按四比六的比例调兑好，一定要让汤盖过鳗鱼。起锅的时间一定要恰到好处，起锅晚了，鱼皮就会变皱，美味也会失掉。

红煨鳗

鳗鱼用酒、水煨烂，加甜酱代秋油，入锅收汤煨干，加茴香、大料起锅。有三病宜戒者：一皮有皱纹，皮便不酥；一肉散碗中，箸夹不起；一早下盐豉，入口不化。扬州朱分司家，制之最精。大抵红煨者以干为贵，使卤味收入鳗肉中。

译文： 将酒和水倒入锅中，把鳗鱼煨烂，放入甜酱代替秋油，将锅中汤汁煨干，加入茴香、大料后起锅。红煨鳗鱼时有三个要注意的事项：一是不要将鳗鱼皮煨出皱纹，皮上有了皱纹，皮肉就不酥了；二是如果火候把握不好，煨过了，鱼肉就碎散在碗中，筷子夹不起来；三是如果盐和豆豉下早了，鱼肉就会变得干硬。扬州朱分司家的红煨鳗鱼做得最好。大体上，红煨鳗鱼要做得干一些更好，汤汁收干，美味也就浸入鳗鱼肉中了。

炸鳗

择鳗鱼大者，去首尾，寸断之，先用麻油炸熟，取起，另将鲜蒿菜嫩尖入锅中，仍用原油炒透，即以鳗鱼平铺菜上，加作料，煨一炷香。蒿菜分量，较鱼减半。

译文： 选择个头比较大的鳗鱼，去掉鱼头和鱼尾，切成一寸左右的肉段。先将肉段放入麻油中炸熟，取出后，再将鲜蒿菜的嫩尖放入锅中，用炸过鱼的油将蒿菜炸透。之后，将鳗鱼肉平铺在蒿菜上，放上作料，煨一炷香左右的时间。注意，蒿菜的分量要比鱼少一半。

生炒甲鱼

将甲鱼去骨，用麻油炮炒之，加秋油一杯、鸡汁一杯。此真定魏太守家法也。

译文： 将甲鱼的骨头去掉，放入麻油中爆炒，加入一杯秋油、一杯鸡汤。这是真定魏太守家的做法。

酱炒甲鱼

将甲鱼煮半熟，去骨，起油锅炮炒，加酱水、葱、椒，收汤成卤，然后起锅。此杭州法也。

译文： 将甲鱼煮到半熟，去掉甲鱼骨头，放入油锅中爆炒，加酱水、葱、椒，把汤汁收干成卤，之后起锅。这是杭州人的做法。

带骨甲鱼

要一个半斤重者，斩四块，加脂油三两，起油锅煎两面黄，加水、秋油、酒煨；先武火，后文火，至八分熟加蒜，起锅用葱、姜、糖。甲鱼宜小不宜大，俗号“童子脚鱼”才嫩。

译文： 选用一个半斤重的甲鱼，剁成四块，在锅中倒入三两脂油，将甲鱼块放入后两面都煎成黄色。之后往锅中放入水、秋油和酒煨煮，先用猛火，再用文火轻煨。到甲鱼肉八分熟时，往锅里加蒜，起锅时再放入葱、姜、糖。甲鱼适合用小的，而不适合用大的，俗称“童子脚鱼”的才最鲜嫩。

青盐甲鱼

斩四块，起油锅炮透。每甲鱼一斤，用酒四两、大茴香三钱、盐一钱半，煨至半好，下脂油二两，切小豆块再煨，加蒜头、笋尖，起时用葱、椒，或用秋油，则不用盐。此苏州唐静涵家法。甲鱼大则老，小则腥，须买其中样者。

译文： 将甲鱼剁成四块，放入油锅中爆炒透。每一斤甲鱼，要用四两酒、三钱大茴香、一钱半盐，将甲鱼煨至半熟时，把甲鱼取出，切成小肉块，往锅中倒入二两脂油，将小肉块放回锅中再煨，加蒜头、笋尖。临起锅时，往锅中加入葱和椒，或者加秋油也可以，那就不要再放盐了。这是苏州唐静涵家的做法。要注意的是，买甲鱼要买中等个头的，因为大的甲鱼肉会变老，小的又太腥。

汤煨甲鱼

将甲鱼白煮，去骨拆碎，用鸡汤、秋油、酒煨汤二碗，收至一碗，起锅，用葱、椒、姜末糁之。吴竹屿家制之最佳。微用纤，才得汤腻。

译文： 把甲鱼放入白水中煮，煮熟后剔去骨头，把肉拆碎，用鸡汤、秋油和酒煨上两碗汤，等两碗煨成一碗时起锅，放入葱、椒和姜末。吴竹屿家煨甲鱼煨得最好。另外，煨甲鱼时要稍微加点芡粉，这样汤才浓腻一些。

全壳甲鱼

山东杨参将家，制甲鱼去首尾，取肉及裙，加作料煨好，仍以原壳覆之。每宴客，一客之前以小盘献一甲鱼，见者悚然，犹虑其动。惜未传其法。

译文： 山东杨参将家，制作甲鱼时会去掉甲鱼头和甲鱼尾巴，只选取甲鱼肉和甲鱼的裙边。将留下的甲鱼肉加作料煨煮，煮熟装入盘中后仍在鱼肉上覆盖甲鱼壳。每次宴请宾客，他都会为每一位客人上一小盘甲鱼，客人见了都会吓一跳，以为甲鱼还活着呢。可惜具体的烹饪方法没有流传下来。

鳝丝羹

鳝鱼煮半熟，划丝去骨，加酒、秋油煨之，微用纤粉，用真金菜、冬瓜、长葱为羹。南京厨者辄制鳝为炭，殊不可解。

译文： 做鳝鱼羹时，要先将鳝鱼煮到半熟，剔去鱼骨，将肉切成丝，加酒和秋油煨煮，稍微加一点芡粉，然后和真金菜、冬瓜、长葱一起做成羹。南京的厨师动辄就把鳝鱼烧得跟木炭一样，又硬又难吃，实在是难以理解。

炒鳝

拆鳝丝炒之，略焦，如炒肉鸡之法，不可用水。

译文： 将鳝鱼切成肉丝，放入油锅内炒，炒到略微有点焦。炒鳝要用炒肉鸡的方法炒，不用加水。

段鳝

切鳝以寸为段，照煨鳗法煨之。或先用油炙，使坚，再以冬瓜、鲜笋、香蕈作配，微用酱水，重用姜汁。

译文： 将鳝鱼切成一寸左右的肉段，按照煨鳗鱼的方法来煨鳝鱼段。或者先用油炸鳝鱼段，使之变硬，再用冬瓜、鲜笋、香菇来搭配，少放一点酱油和水，多放一点姜汁。

虾圆

虾圆照鱼圆法。鸡汤煨之，干炒亦可。大概捶虾时，不宜过细，恐失真味。鱼圆亦然。或竟剥虾肉，以紫菜拌之，亦佳。

译文： 烹制虾圆就按照烹制鱼圆的方法做就可以了。或者用鸡汤煨也可以，干炒也行。一般来说，切虾肉时，不能切得过细，过细的话，恐怕虾的真味会失掉。鱼圆也是同一个道理。或者直接剥开虾肉，用紫菜拌着吃也是不错的。

虾饼

以虾捶烂，团而煎之，即为虾饼。

译文： 把虾拍碎，捏成团后放锅里煎一下，虾饼就做好了。

醉虾

带壳用酒炙黄，捞起，加清酱、米醋煨之，用碗闷之。临食放盘中，其壳俱酥。

译文： 先把带壳的虾用酒煎黄，捞起，放入清酱和米醋中煨一下，再放入碗中焖一会儿。临食用前，将焖好的虾盛入盘中，虾的肉和壳都很酥脆。

炒虾

炒虾照炒鱼法，可用韭配。或加冬腌芥菜，则不可用韭矣。有捶扁其尾单炒者，亦觉新异。

译文： 炒虾就按炒鱼的方法做，可以用韭菜来搭配。或者也可以用冬天腌制的芥菜来搭配，这样的话就不用韭菜了。还有一种做法是把虾尾巴拍扁，单炒虾尾，这让人感觉很新鲜。

蟹

蟹宜独食，不宜搭配他物。最好以淡盐汤煮熟，自剥自食为妙。蒸者味虽全，而失之太淡。

译文： 螃蟹适合单独烹制，不能和其他食料搭配。最好用淡盐水将蟹煮熟，自己剥自己吃。蒸蟹虽然能保全蟹原有的味道，但却会使之过于清淡。

蟹羹

剥蟹为羹，即用原汤煨之，不加鸡汁，独用为妙。见俗厨从中加鸭舌，或鱼翅，或海参者，徒夺其味，而惹其腥恶，劣极矣！

译文： 从壳中剥出蟹肉做羹，做蟹羹要用煮过螃蟹的原汤煨煮蟹肉，不要加鸡汁，只用原汤就好了。我曾见过比较平庸的厨师，往蟹羹中加入鸭舌，或是鱼翅，或是海参，等等，加这些东西只会把蟹肉本真的鲜味夺去，使之沾上腥味，真是糟糕至极！

炒蟹粉

以现剥现炒之蟹为佳，过两个时辰，则肉干而味失。

译文： 炒蟹粉最好是现剥现炒，剥出来的蟹肉放过四个小时，就会变得干硬，同时也会失掉鲜味。

剥壳蒸蟹

将蟹剥壳，取肉、取黄，仍置壳中，放五六只在生鸡蛋上蒸之。上桌时完然一蟹，惟去爪脚。比炒蟹粉觉有新色。杨兰坡明府，以南瓜肉拌蟹，颇奇。

译文： 将蟹壳剥掉，取出蟹肉和蟹黄，将蟹壳清理干净后，把取出的蟹肉和蟹黄再放入空着的蟹壳中。之后将五六只装有蟹肉和蟹黄的蟹壳放在生鸡蛋上蒸。上菜时，它们就像是完整的螃蟹一样，只是螃蟹的脚都没有了，这比炒蟹粉还要有意思。杨兰坡明府用南瓜肉拌螃蟹，也令人称奇。

蛤蜊

剥蛤蜊肉，加韭菜炒之佳。或为汤亦可。起迟便枯。

译文： 把蛤蜊肉从壳中剥下来，放到韭菜中炒，这样做出来很好吃。或者用蛤蜊肉做汤也是可以的。但要注意的是，蛤蜊很鲜，做蛤蜊肉起锅时间要恰当，起锅迟了，肉就会变得枯硬。

蚶

蚶有三吃法：用热水喷之，半熟去盖，加酒、秋油醉之；或用鸡汤滚熟，去盖入汤；或全去其盖，作羹亦可。但宜速起，迟则肉枯。蚶出奉化县，品在蛼螯、蛤蜊之上。

译文： 蚶有三种吃法：第一种是将蚶肉放入热水中烫一下，肉半熟后捞出，把蚶壳剥掉，再将蚶肉放入酒和秋油中腌醉；第二种方法是用鸡汤把蚶肉滚熟，之后捞出去壳，将肉再放入汤中煮；第三种把蚶壳全部剥掉，用蚶肉做羹。需要注意的是，由于蚶肉很鲜嫩，做蚶肉时，起锅要及时，起锅迟了，蚶肉就会变得枯硬。奉化县产的蚶肉最好，品质在蛼螯和蛤蜊之上。

蛼螯

先将五花肉切片，用作料闷烂。将蛼螯洗净，麻油炒，仍将肉片连卤烹之。秋油要重些，方得有味。加豆腐亦可。蛼螯从扬州来，虑坏则取壳中肉，置猪油中，可以远行。有晒为干者，亦佳。入鸡汤烹之，味在蛏干之上。捶烂蛼螯作饼，如虾饼样，煎吃加作料亦佳。

译文： 蜱螯有很多做法。先把五花肉切成片，加作料后焖烂。同时将蜱螯洗干净，用麻油炒，之后将炒好的蜱螯连同五花肉片及卤汁一起烹煮。秋油要多放一点，这样才会有味道。加豆腐一起煮也是可以的。把蜱螯从扬州运过来，路途遥远，如果担心蜱螯会变质的话，就将蜱螯肉从壳中取出，放在猪油中，这样保存的时间会长一点。也有人把蜱螯晒成干吃，也很好，将蜱螯干放入鸡汤中烹煮，味道是在蛏干之上的。另外，还有人将蜱螯捶烂制作成饼，就像虾饼那样煎着吃，加上作料，也很美味。

程泽弓蛏干

程泽弓商人家制蛏干，用冷水泡一日，滚水煮两日，撤汤五次。一寸之干，发开有二寸，如鲜蛏一般，才入鸡汤煨之。扬州人学之，俱不能及。

译文： 程泽弓商人家制作蛏干的方法是：用冷水将蛏干泡上一天，再用开水煮上两天，这期间换上五次水。这之后，一寸长的蛏干会发到二寸长，就如同鲜活的蛏一般，然后将蛏干放入鸡汤中煨煮。扬州人学习这种做法，却都不如程泽弓商人家做得好。

鲜蛏

烹蛏法与蝗螯同。单炒亦可。何春巢家蛏汤豆腐之妙，竟成绝品。

译文： 烹制蛏的方法与蝗螯相同。单炒蛏，不加其他食料也是可以的。何春巢家做的蛏汤豆腐美味极了，真可称得上是一绝。

水鸡

水鸡去身用腿，先用油灼之，加秋油、甜酒、瓜、姜起锅。或拆肉炒之，味与鸡相似。

译文： 把虎纹蛙的身子拿掉，只用蛙腿。将蛙腿放入油锅中炒，加秋油、甜酒、瓜、姜后起锅。另外也可以把蛙肉取下来烹炒，味道与鸡肉相似。

熏蛋

将鸡蛋加作料煨好，微微熏干，切片放盘中，可以佐膳。

译文： 将鸡蛋与作料一同煨好，熟后微微熏干，切成片放入盘中。熏蛋可以用来做搭配食用的小菜。

茶叶蛋

鸡蛋百个，用盐一两、粗茶叶煮两枝线香为度。如蛋五十个，只用五钱盐，照数加减。可作点心。

译文： 将一百个鸡蛋和一两盐放入粗茶叶中，煮上两炷香的时间。如果是五十个鸡蛋，那就用五钱盐就可以了，用盐的数量就按这比例加减。茶叶蛋可以作为点心食用。

杂素菜单

菜有荤素，犹衣有表里也。富贵之人嗜素，甚于嗜荤。作《杂素菜单》。

译文： 菜分荤菜和素菜，就像衣服分里层和外层一样。相比于荤菜，富贵之人更喜欢素菜。写作《杂素菜单》一章。

蒋侍郎豆腐

豆腐两面去皮，每块切成十六片，晾干，用猪油熬，清烟起才下豆腐，略洒盐花一撮，翻身后，用好甜酒一茶杯，大虾米一百二十个；如无大虾米，用小虾米三百个，先将虾米滚泡一个时辰，秋油一小杯，再滚一回，加糖一撮，再滚一回，用细葱半寸许长，一百二十段，缓缓起锅。

译文： 把豆腐两面的皮都去掉，每块豆腐切成十六片，晾干后，放入猪油中熬，注意要等锅内的猪油冒出青烟的时候，才将豆腐放入。同时往锅中撒一小撮盐花，把豆腐翻个身，再放入一茶杯好甜酒、一百二十个大虾米。如果没有大虾米，就用三百个小虾米——放入豆腐中之前，要先将虾米滚泡两个小时。将滚泡过的虾米放入豆腐中，倒入一小杯甜酒，再滚上一回，加一撮糖，再滚一次，之后放入一百二十段半寸左右的细葱，慢慢起锅。

杨中丞豆腐

用嫩豆腐，煮去豆气，入鸡汤，同鳆鱼片滚数刻，加糟油、香蕈起锅。鸡汁须浓，鱼片要薄。

译文： 将嫩豆腐放入水中煮，把豆腐中的豆腥气煮去。之后将豆腐放入鸡汤中，同鳆鱼片一起滚煮数刻，加入糟油和香菇后起锅。注意，煮豆腐的鸡汁要浓厚，鳆鱼片要切薄。

张恺豆腐

将虾米捣碎，入豆腐中，起油锅，加作料干炒。

译文： 把捣碎的虾米连同豆腐一起放入油锅中，加入作料，干炒即可。

庆元豆腐

将豆豉一茶杯，水泡烂，入豆腐同炒起锅。

译文： 将一茶杯豆豉放入水中泡烂，之后再放入锅中，同豆腐一起炒熟起锅。

芙蓉豆腐

用腐脑，放井水泡三次，去豆气，入鸡汤中滚，起锅时加紫菜、虾肉。

译文： 做芙蓉豆腐时，先将豆腐脑放入井水中泡上三次，去掉豆腥气，之后把豆腐脑放入鸡汤中滚煮，起锅时加入紫菜和虾肉。

王太守八宝豆腐

用嫩片切粉碎，加香蕈屑、蘑菇屑、松子仁屑、瓜子仁屑、鸡屑、火腿屑，同入浓鸡汁中，炒滚起锅。用腐脑亦可。用瓢不用箸。孟亭太守云："此圣祖赐徐健庵尚书方也。尚书取方时，御膳房费一千两。"太守之祖楼村先生，为尚书门生，故得之。

译文： 把嫩豆腐片切碎，与香菇屑、蘑菇屑、松子仁屑、瓜子仁屑、鸡屑、火腿屑等作料一同放入浓鸡汁中，炒滚后起锅。这道菜用豆腐脑烹制也是可以的。吃的时候要用汤匙，而不用筷子。孟亭太守说："这是圣祖康熙帝赐给徐健庵尚书的菜方。尚书去取菜方时，还付给御膳房一千两银子。"太守的祖父楼村先生是徐健庵尚书的门生，所以得到了这个菜方。

程立万豆腐

乾隆廿三年，同金寿门在扬州程立万家食煎豆腐，精绝无双。其腐两面黄干，无丝毫卤汁，微有蛼螯鲜味，然盘中并无蛼螯及他杂物也。次日告查宣门，查曰："我能之！我当特请。"已而，同杭董莆同食于查家，则上箸大笑，乃纯是鸡、雀脑为之，并非真豆腐，肥腻难耐矣。其费十倍于程，而味远不及也。惜其时余以妹丧急归，不及向程求方。程逾年亡。至今悔之，仍存其名，以俟再访。

译文： 乾隆二十三年，我和金寿门一起在扬州程立万家吃煎豆腐，程家做的煎豆腐真是美味绝伦。豆腐两面都被煎黄，没有一点点卤汁，有微微蛼螯的鲜味，然而盘中却并没有蛼螯及其他杂物。第二天我把这件事告诉了查宣门，查说："我也能做这道菜！改天请你们来吃。"不久，我和杭董莆一起去查家，等菜端上桌，我们拿筷子准备吃时，大笑起来，查家纯粹是用鸡、雀脑烧制的，并不是真正的豆腐，而且做得特别肥腻。查家做这道菜的花费比程家多十倍，但味道远远不及程家的好。只可惜在程家吃到这道豆腐时，正赶上妹妹去世，急于奔丧回家，来不及向程立万讨教制作方法。第二年，程立万就去世了。现在想起来还非常后悔，只能先记下这道菜的名字，等有机会再寻访这一菜方吧。

冻豆腐

将豆腐冻一夜，切方块，滚去豆味，加鸡汤汁、火腿汁、肉汁煨之。上桌时，撤去鸡、火腿之类，单留香蕈、冬笋。豆腐煨久则松，面起蜂窝，如冻腐矣。故炒腐宜嫩，煨者宜老。家致华分司，用蘑菇煮豆腐，虽夏月亦照冻腐之法，甚佳。切不可加荤汤，致失清味。

译文： 把豆腐冻上一夜，切成方块，放入水中滚煮以去掉豆腥味，之后加鸡汤汁、火腿汁和肉汁，放入锅中一起煨煮。菜上桌时，撤下鸡、火腿之类的配物，只留下香菇和冬笋。豆腐煨煮久了会变松，表面会如蜂窝一样，很像冻豆腐。所以炒豆腐时要用嫩豆腐，煨豆腐时要用老豆腐。家致华分司用蘑菇煮豆腐，即使在夏天也用制冻豆腐的方法，效果很好。注意，千万不要倒入荤汤，这样会使豆腐的清香味丧失。

虾油豆腐

取陈虾油代清酱，炒豆腐，须两面熯黄。油锅要热，用猪油、葱、椒。

译文：做虾油豆腐时，要用陈虾油代替清酱，将豆腐放入锅中煎炒，豆腐两面都要煎成黄色。注意，油锅要烧得很热，煎豆腐时要放入猪油、葱、椒。

蓬蒿菜

取蒿尖，用油灼瘪，放鸡汤中滚之，起时加松菌百枚。

译文：取下蓬蒿菜的嫩尖，放入油中炒瘪，之后放入鸡汤中滚煮，起锅前往锅中加进一百枚松菌。

蕨菜

用蕨菜，不可爱惜，须尽去其枝叶，单取直根，洗净煨烂，再用鸡肉汤煨。必买矮弱者才肥。

译文：烹制蕨菜时，不要太爱惜蕨菜，要把它的枝叶都择下来扔掉，只留下它的直根。洗净后放入锅中煨烂，之后再用鸡汤煨煮。选购蕨菜要注意买那种矮小细弱的，这样的才肥嫩。

葛仙米

将米细检淘净，煮半烂，用鸡汤、火腿汤煨。临上时，要只见米，不见鸡肉、火腿搀和才佳。此物陶方伯家，制之最精。

译文： 将葛仙米细细地挑拣一下，淘洗干净，放入锅中煮到半烂，再用鸡汤和火腿汤煨煮。临上桌时，盘中只见葛仙米而不见鸡肉、火腿才最好。陶方伯家的葛仙米是做得最精妙的。

羊肚菜

羊肚菜出湖北，食法与葛仙米同。

译文： 羊肚菜出产于湖北，烹制方法与葛仙米相同。

石发

制法与葛仙米同。夏日用麻油、醋、秋油拌之，亦佳。

译文： 石发的烹制方法与葛仙米相同。夏天用麻油、醋、秋油拌着吃也不错。

珍珠菜

制法与蕨菜同，上江新安所出。

译文： 珍珠菜的烹制方法与蕨菜相同，它由新安江上游出产。

素烧鹅

煮烂山药，切寸为段，腐皮包，入油煎之，加秋油、酒、糖、瓜、姜，以色红为度。

译文： 将山药放入锅中煮烂，切成一寸长的小段，用豆腐皮把它包裹起来，放入油中煎炸，之后加入秋油、酒、糖、瓜、姜，烧制到颜色发红为止。

韭

韭，荤物也。专取韭白，加虾米炒之便佳。或用鲜虾亦可，蚬亦可，肉亦可。

译文： 韭菜属于荤菜，做韭菜时只用韭白，加上虾米炒食就很好。或者用鲜虾炒、用蚬炒、用猪肉炒都是可以的。

芹

芹，素物也，愈肥愈妙。取白根炒之，加笋，以熟为度。今人有以炒肉者，清浊不伦。不熟者，虽脆无味。或生拌野鸡，又当别论。

译文： 芹菜是素菜，越肥嫩的越好吃。做芹菜时，取下芹菜的白根放入锅中炒熟。现在有人用芹菜炒肉，这是把味清的和味浊的混在一起，不伦不类。没炒熟的芹菜虽然很脆，但是没什么味道。有的人用芹菜生拌野鸡，那就另当别论了。

豆芽

豆芽柔脆，余颇爱之。炒须熟烂，作料之味，才能融洽。可配燕窝，以柔配柔，以白配白故也。然以极贱而陪极贵，人多嗤之。不知惟巢、由正可陪尧、舜耳。

译文： 豆芽柔嫩清脆，我很爱吃。炒豆芽时需炒到熟烂，这样作料的味道才能融入菜中。豆芽可跟燕窝搭配烹制，这样的搭配是用柔和的食物配柔和的食物，用白色的食物配白色的食物，所以比较合适。但是有人会提出异议，认为这是用很便宜的食物配很贵的食物，他们会讥笑这种搭配。殊不知巢夫和许由这样的贤士正好跟尧和舜这样的圣君是相配的。

茭白

茭白炒肉、炒鸡俱可。切整段，酱、醋炙之，尤佳。煨肉亦佳，须切片，以寸为度，初出太细者无味。

译文： 用茭白炒猪肉、炒鸡都是可以的。将茭白切成整段，用酱油和醋炒着吃，味道很好。用茭白煨肉也不错，这种做法需要先将茭白切成长一寸左右的片。要注意刚长出来的茭白和太过细嫩的茭白是没有味道的。

青菜

青菜择嫩者，笋炒之。夏日芥末拌，加微醋，可以醒胃。加火腿片，可以作汤。亦须现拔者才软。

译文： 选择嫩的青菜，放入锅中和笋一起炒着吃。另外，夏天可以用芥末拌青菜，稍微加一点醋，可以醒胃。也可以用青菜来跟火腿片搭配做汤。要注意青菜要现拔现吃才好，因为现拔的青菜比较软嫩。

台菜

炒台菜心最懦，剥去外皮，入蘑菇、新笋作汤。炒食加虾肉，亦佳。

译文： 台菜心炒着吃是最柔嫩的。也可以把台菜外皮剥掉，用台菜心和蘑菇、新笋一起熬汤。另外，台菜炒虾肉也很好吃。

白菜

白菜炒食，或笋煨亦可，火腿片煨、鸡汤煨俱可。

译文： 白菜一般是炒着吃的。也可以用笋来煨煮白菜，用火腿片煨、用鸡汤煨也都是可以的。

黄芽菜

此菜以北方来者为佳。或用醋搂，或加虾米煨之，一熟便吃，迟则色、味俱变。

译文： 黄芽菜以北方出产的最好。做黄芽菜可以用醋溜，也可以加入虾米一起煨煮，煮熟就出锅食用，吃晚了，菜的颜色和味道都会变。

瓢儿菜

炒瓢菜心，以干鲜无汤为贵。雪压后更软。王孟亭太守家，制之最精。不加别物，宜用荤油。

译文： 炒瓢菜心时，要炒到干鲜、无汤才好吃。瓢儿菜经霜雪之后味道更为软嫩。王孟亭太守家做的瓢儿菜最好吃。要注意炒瓢儿菜时要用荤油，不需要加别的食料。

波菜

菠菜肥嫩，加酱水、豆腐煮之，杭人名“金镶白玉板”是也。如此种菜虽瘦而肥，可不必再加笋尖、香蕈。

译文： 菠菜肥嫩，放入锅中加酱油、水及豆腐一起煮食，这道菜就是杭州人所说的“金镶白玉板”。像这种看着瘦、吃着肥的青菜，烹制时不需要加笋尖和香菇搭配。

蘑菇

蘑菇不止作汤，炒食亦佳。但口蘑最易藏沙，更易受霉，须藏之得法，制之得宜。鸡腿蘑便易收拾，亦复讨好。

译文： 蘑菇不只可以用来熬汤，炒着吃也很好。但口蘑中是最容易藏沙子的，也很容易发霉，必须要好好存放，烹制也要得当。鸡腿蘑则比较容易收拾，也容易做出好的味道。

松菌

松菌加口蘑炒最佳，或单用秋油泡食，亦妙。惟不便久留耳，置各菜中，俱能助鲜。可入燕窝作底垫，以其嫩也。

译文： 将松菌跟口蘑一块儿炒着吃是最好的，或单独用秋油泡着吃，也不错。只是松菌不能放置太长时间，松菌是很鲜的，把它放到各个菜中都能增加菜的鲜味。另外也可把松菌放入燕窝下面做垫菜，因为这两种食物都是很鲜嫩的。

面筋三法

一法面筋入油锅炙枯，再用鸡汤、蘑菇清煨。一法不炙，用水泡，切条入浓鸡汁炒之，加冬笋、天花。章淮树观察家，制之最精，上盘时宜毛撕，不宜光切。加虾米泡汁，甜酱炒之，甚佳。

译文： 面筋的三种烹调方法：第一种是，先将面筋放入油锅中炸到干枯，之后放入鸡汤中，加蘑菇清煨。第二种方法是，不用油炸，用水泡，将面筋泡开后切成条，放入浓鸡汁中炒，再加一点冬笋和天花菜。这种做法章淮树观察家做得最好，上盘时，面筋要用手撕开，不要用刀切。第三种方法是，将面筋加入虾米泡汁后，用甜酱炒，也很好吃。

茄二法

吴小谷广文家，将整茄子削皮，滚水泡去苦汁，猪油炙之。炙时须待泡水干后，用甜酱水干煨，甚佳。卢八太爷家，切茄作小块，不去皮，入油灼微黄，加秋油炮炒，亦佳。是二法者，俱学之而未尽其妙。惟蒸烂划开，用麻油、米醋拌，则夏间亦颇可食。或煨干作脯，置盘中。

译文： 吴小谷广文家，将整只茄子的皮削掉，放入滚水中浸泡，把茄子中的苦汁泡掉。之后将茄子捞出，把茄子晾干，再放入锅中用猪油煎炸，之后用酱油水干煨，这样做出来的茄子非常好吃。第二种是卢八太爷家的做法：不用给茄子去皮，把茄子切成小块，放入油锅中炸到微黄，再加入秋油爆炒。这两种方法我都学过，但都没有完全掌握。我只是把茄子蒸烂后用刀划开，拌入麻油和米醋，夏天也可以用这种吃法。另外还可以将茄子煨干后做成茄脯，放在盘中吃也不错。

苋羹

苋须细摘嫩尖，干炒。加虾米或虾仁，更佳。不可见汤。

译文： 做苋羹时，需要将苋菜的嫩尖细细摘下。之后将嫩尖放入锅中干炒，加虾米或虾仁更好。这道菜烧制时不可见汤。

芋羹

芋性柔腻，入荤入素俱可。或切碎作鸭羹，或煨肉，或同豆腐加酱水煨。徐兆璜明府家，选小芋子，入嫩鸡煨汤，炒极！惜其制法未传。大抵只用作料，不用水。

译文： 芋头柔软细腻，无论与荤菜搭配还是与素菜搭配都是可以的。有的人把芋头切碎来烧制鸭羹，也有人用芋头来煨肉，或者将芋头和豆腐一起放入酱油和水中煨煮。徐兆璜明府家选取个头小的芋头，与嫩鸡一起煨汤，做得非常好吃！可惜他们的制作方法没有流传开来。做芋羹时，一般只用作料，不用加水。

豆腐皮

将腐皮泡软，加秋油、醋、虾米拌之，宜于夏日。蒋侍郎家入海参用，颇妙。加紫菜、虾肉作汤，亦相宜。或用蘑菇、笋煨清汤，亦佳，以烂为度。芜湖敬修和尚，将腐皮卷筒切段，油中微炙，入蘑菇煨烂，极佳。不可加鸡汤。

译文： 将豆腐皮泡软，放入秋油、醋和虾米拌着吃，这道拌豆腐皮适合在夏天食用。蒋侍郎家将豆腐皮放入海参中食用，也很好吃。用豆腐皮和紫菜、虾肉一起熬汤，也是可以的。或者将豆腐皮和蘑菇、笋一起煨清汤，煨到熟烂，这种做法也不错。芜湖敬修和尚将豆腐皮卷成筒状后切成一段一段的，再将之放入油中稍微炸一下，取出后同蘑菇一起煨烂，这种做法做出来的豆腐皮也很好吃。要注意不可加鸡汤。

扁豆

取现采扁豆，用肉、汤炒之，去肉存豆。单炒者油重为佳。以肥软为贵。毛糙而瘦薄者，瘠土所生，不可食。

译文： 选取现摘的扁豆，放入带有肉的汤中烹炒，把肉拣出后只留下炒熟的扁豆。如果不放肉，只是单独炒扁豆的话，锅中的油要放多一点。扁豆以肉肥质软为好，那种毛糙且又瘦又薄的扁豆，是从贫瘠的土壤中长出来的，不适合用来做食物。

瓠子 王瓜

将鲜鱼切片先炒，加瓠子，同酱汁煨。王瓜亦然。

译文： 先将鲜鱼切成鱼片放入锅中炒，之后放入瓠子，倒入酱汁煨煮。王瓜也是这种做法。

煨木耳 香蕈

扬州定慧庵僧，能将木耳煨二分厚，香蕈煨三分厚。先取蘑菇熬汁为卤。

译文： 扬州定慧庵中的僧人，能把木耳煨到二分厚，把香菇煨到三分厚。做法是先把蘑菇熬成卤汁，再用这卤汁去煨煮木耳和香菇。

冬瓜

冬瓜之用最多。拌燕窝、鱼肉、鳗、鳝、火腿皆可。扬州定慧庵所制尤佳。红如血珀，不用荤汤。

译文： 做菜时，冬瓜的用途最多，燕窝、鱼肉、鳗鱼、鳝鱼、火腿等都可以用冬瓜来调拌。扬州定慧庵所做的冬瓜尤其美味，冬瓜血红如琥珀。注意不要加荤汤。

煨鲜菱

煨鲜菱，以鸡汤滚之。上时将汤撤去一半。池中现起者才鲜，浮水面者才嫩。加新栗、白果煨烂，尤佳。或用糖亦可，作点心亦可。

译文： 做煨菱角，可以用鸡汤煨煮，上盘时将汤倒掉一半。选取菱角时要注意，从池中现摘的菱角才新鲜，浮在水面上的菱角才鲜嫩。煨菱角时，加上新栗和白果一起煨煮，尤其好吃。如果想吃甜的，可以加糖。把菱角当点心吃也可以。

豇豆

豇豆炒肉，临上时，去肉存豆。以极嫩者，抽去其筋。

译文： 用豇豆炒肉，临上桌时，将盘中的肉去掉，只留下豇豆。烹制时要选用非常嫩的豇豆，把豇豆的老筋抽去。

煨三笋

将天目笋、冬笋、问政笋，煨入鸡汤，号“三笋羹”。

译文： 将天目笋、冬笋、问政笋三种笋一同放入鸡汤中煨煮，号称“三笋羹”。

芋煨白菜

芋煨极烂，入白菜心，烹之，加酱水调和，家常菜之最佳者。惟白菜须新摘肥嫩者，色青则老，摘久则枯。

译文： 将芋头煨煮到烂熟，再往锅中放入白菜心，继续烹煮，加入酱油和水调和，这是家常菜中最好吃的。但要注意白菜需要用新摘取的肥嫩的，白菜颜色青说明它已经长老了，白菜摘下来放太久就会干枯。

香珠豆

毛豆至八九月间晚收者，最阔大而嫩，号“香珠豆”。煮熟以秋油、酒泡之。出壳可，带壳亦可，香软可爱。寻常之豆，不可食也。

译文： 八九月间晚收的毛豆，是最肥大又最嫩的，被称为“香珠豆”。将香珠豆煮熟后用秋油和酒浸泡，剥壳不剥壳都是可以的，出锅后的香珠豆香软可爱。跟香珠豆相比，平常的豆子都不好吃。

马兰

马兰头菜，摘取嫩者，醋合笋拌食。油腻后食之，可以醒脾。

译文： 摘取马兰头菜的嫩叶，加醋和笋一起拌着吃。吃了油腻的食物后再吃马兰头拌菜，可以醒脾。

杨花菜

南京三月有杨花菜，柔脆与波菜相似，名甚雅。

译文： 南京三月所产的杨花菜，跟菠菜一样又柔又脆，它的名字也很雅致。

问政笋丝

问政笋，即杭州笋也。徽州人送者，多是淡笋干，只好泡烂切丝，用鸡肉汤煨用。龚司马取秋油煮笋，烘干上桌，徽人食之，惊为异味。余笑，其如梦之方醒也。

译文： 问政笋就是杭州笋。徽州人送的问政笋多是淡笋干，只好将其泡烂后切成丝，用鸡汤煨煮。龚司马用秋油煮笋，烘干后上桌。徽州人吃了之后，惊叹于这道菜的美味，还以为是什么珍奇的食物。我笑起来后，他们才如梦方醒。

炒鸡腿蘑菇

芜湖大庵和尚，洗净鸡腿，蘑菇去沙，加秋油、酒炒熟，盛盘宴客，甚佳。

译文： 芜湖大庵和尚做炒鸡腿蘑菇的方法是：洗干净鸡腿，洗去蘑菇中的沙子后，一起放入秋油和酒中炒熟。这道菜用来宴请宾客是非常好的。

猪油煮萝卜

用熟猪油炒萝卜，加虾米煨之，以极熟为度。临起加葱花，色如琥珀。

译文： 先用熟猪油炒萝卜，之后加入虾米煨煮到熟烂为止。临起锅时放入葱花，颜色如琥珀一样。

小菜单

小菜佐食，如府史胥徒佐六官司也，醒脾解浊，全在于斯。作《小菜单》。

译文： 在吃饭时，小菜可以用来辅助进食，就像府史胥徒辅佐六官司一样，小菜能醒脾也能解浊。写作《小菜单》一章。

笋脯

笋脯出处最多，以家园所烘为第一。取鲜笋加盐煮熟，上篮烘之。须昼夜环看，稍火不旺则溲矣。用清酱者，色微黑。春笋、冬笋皆可为之。

译文： 出产笋脯的地方很多，其中以我家乡所烘制的笋脯最为好吃。笋脯的具体做法是：选取鲜笋，加盐烹煮，将煮熟的笋放到篮中烘干。需要注意的是，烘烤过程中，需要昼夜不停地围着篮子查看，火稍微弱一点，篮中就会有馊味。做笋脯时，加入清酱，会使笋脯颜色变得微黑。春笋、冬笋都可以用来制作笋脯。

天目笋

天目笋多在苏州发卖。其篓中盖面者最佳，下二寸便搀入老根硬节矣。须出重价，专买其盖面者数十条，如集狐成腋之义。

译文： 天目笋多在扬州发卖。卖天目笋的商贩，往往会把最好的天目笋盖在篓子的最上面，而好笋表层之下两寸，就搀入又老又硬的笋了。买天目笋时，需要出高价，专门买表面盖着的数十条笋，专买这些好笋，就如集腋成裘一样。

玉兰片

以冬笋烘片，微加蜜焉。苏州孙春杨家有盐、甜二种，以盐者为佳。

译文： 将冬笋切片后烘干，稍微加点蜜就可以吃了。苏州孙春杨家有两种笋干——咸味的和甜味的，其中以盐制的咸笋干更好吃。

素火腿

处州笋脯，号“素火腿”，即处片也。久之太硬，不如买毛笋自烘之为妙。

译文： 处州地区的笋脯，被称为“素火腿”，也就是处片。这种笋脯放久了就会变得干硬，还不如买毛笋回家自己烘制。

宣城笋脯

宣城笋尖，色黑而肥，与天目笋大同小异，极佳。

译文： 宣城地区所出产的笋尖，颜色黑，长得也肥，与天目笋大同小异，非常好吃。

人参笋

制细笋如人参形，微加蜜水。扬州人重之，故价颇贵。

译文： 将细笋制成人参形状，稍微加一点蜜水。扬州人非常喜欢人参笋，所以它的价格比较高。

笋油

笋十斤，蒸一日一夜，穿通其节，铺板上，如作豆腐法，上加一板压而榨之，使汁水流出，加炒盐一两，便是笋油。其笋晒干仍可作脯。天台僧制以送人。

译文： 选用十斤笋，蒸上一天一夜。将笋节穿通，铺在板子上，就像制作豆腐的方法一样，在笋上面铺上一块板子，使劲压，使笋内的汁水流出。往榨出的汁水内放入一两炒盐，就制成了笋油。将原来的笋晒干后，可以制成笋脯。天台和尚常将制成的笋油送人。

糟油

糟油出太仓州，愈陈愈佳。

译文： 糟油出产自太仓州，放置的时间越久越好。

虾油

买虾子数斤，同秋油入锅熬之，起锅用布沥出秋油，乃将布包虾子，同放罐中盛油。

译文：　买几斤虾子，将它们与秋油一同放入锅中熬煮，起锅后，用布将秋油沥出，再用布把虾子包起来。之后把包起来的虾子和沥出的秋油一同放入罐中。

喇虎酱

秦椒捣烂，和甜酱蒸之，可用虾米搀入。

译文：　将花椒捣烂，同甜酱一起放入锅内蒸。做喇虎酱时可以搀入虾米。

熏鱼子

熏鱼子色如琥珀，以油重为贵。出苏州孙春杨家。愈新愈妙，陈则味变而油枯。

译文：　制好的熏鱼子颜色如同琥珀一样，油放得多的熏鱼子最好吃。这一美味出自苏州孙春杨家。越新鲜的熏鱼子越好吃，放的时间长了，熏鱼子也就变味了，油也会变枯干。

腌冬菜 黄芽菜

腌冬菜、黄芽菜，淡则味鲜，咸则味恶。然欲久放，则非盐不可。尝腌一大坛，三伏时开之，上半截虽臭烂，而下次半截香美异常，色白如玉。甚矣！相士之不可但观皮毛也。

译文： 人们腌制的冬菜和黄芽菜，都是清淡了味道才鲜美，咸了味道就不好了。要长时间存放它们的话，一定要放盐。我曾经腌制了一大坛子白菜，三伏天打开坛子时，腌菜的上半部分已经变得又臭又烂，而腌菜的下半部分却异常香美，颜色如同白玉。真是令人惊奇！想来这就如同鉴别人才一样，不能只看人的表面。

莴苣

食莴苣有二法：新酱者，松脆可爱。或腌之为脯，切片食甚鲜。然必以淡为贵，咸则味恶矣。

译文： 莴苣有两种吃法。一种是用酱腌制，这样做出来的莴苣松脆可口。另一种是将莴苣腌制后晒成干，切片食用，这种吃法口感鲜嫩。然而要注意的是，莴苣一定要清淡，咸味的莴苣很难吃。

香干菜

春芥心风干，取梗淡腌，晒干，加酒，加糖，加秋油，拌后再加蒸之，风干入瓶。

译文： 将春天生出的芥菜心风干后，把菜梗连同一点点盐一同腌制。之后将腌好的菜晒干，加酒、糖和秋油，拌匀后上锅蒸。蒸熟后，将菜风干后放入瓶中。

冬芥

冬芥名雪里红。一法整腌，以淡为佳；一法取心风干，斩碎，腌入瓶中，熟后杂鱼羹中，极鲜。或用醋煨，入锅中作辣菜亦可，煮鳗、煮鲫鱼最佳。

译文： 冬芥又叫雪里蕻，有很多食用方法。第一种方法是将一整棵冬芥放入瓶中腌制，这种做法要少放盐，让冬芥清淡一点。第二种方法是专取冬芥菜心，风干后切碎，将其放入瓶中腌制，腌完后放入鱼羹中食用，非常美味。或者用醋煨煮冬芥也可以，这样做出来的冬芥可以放入锅中做辣菜。另外，用冬芥来煮鳗鱼或鲫鱼也很好。

春芥

取芥心风干、斩碎，腌熟入瓶，号称“挪菜”。

译文： 将春芥的菜心取出，风干并切碎，腌熟后放入瓶中，这样做出来的菜被称为“挪菜”。

芥头

芥根切片，入菜同腌，食之甚脆。或整腌，晒干作脯，食之尤妙。

译文： 将芥菜根切成片，与芥菜一同腌制，这样做出来的芥菜口感爽脆。另外，也可以腌制一整根芥菜，腌后晒干，制作成菜脯，吃起来感觉也很好。

芝麻菜

腌芥晒干，斩之碎极，蒸而食之，号“芝麻菜”。老人所宜。

译文： 将腌制好的芥菜晒干后，切到细碎，然后放入锅中蒸着吃，这道菜被称为“芝麻菜”，适合老人食用。

腐干丝

将好腐干切丝极细，以虾子、秋油拌之。

译文： 将好的豆腐干切成极细的丝，放入虾子和秋油拌匀即可。

风瘪菜

将冬菜取心风干，腌后榨出卤，小瓶装之，泥封其口，倒放灰上。夏食之，其色黄，其臭香。

译文： 做风瘪菜时，把冬菜的菜心取出，将其风干后腌制，腌过之后再将其中的卤汁压榨出来，把菜放入小瓶中装好，用泥封住瓶口，将小瓶倒放在灰上。夏天吃的时候，菜的颜色发黄，味道却很香。

糟菜

取腌过风瘪菜，以菜叶包之，每一小包，铺一面香糟，重叠放坛内。取食时，开包食之，糟不沾菜，而菜得糟味。

译文： 将腌制过的风瘪菜取出，用菜叶把它们包起来，每一个小菜包上都铺上一面香糟。之后将铺有香糟的小菜包，重叠着放入坛子内。取用时，将菜包打开，香糟没有沾到风瘪菜上，而菜则有了糟的香味。

酸菜

冬菜心风干微腌，加糖、醋、芥末，带卤入罐中，微加秋油亦可。席间醉饱之余，食之醒脾解酒。

译文： 将冬菜的菜心取出后风干，再稍微腌制一下，之后加入糖、醋和芥末，连同卤汁一起放入罐中，再往罐中稍微加一点秋油就可以了。席间酒足饭饱的时候，吃一点酸菜可以起到醒脾解酒的作用。

台菜心

取春日台菜心腌之，榨出其卤，装小瓶之中，夏日食之。风干其花，即名菜花头，可以烹肉。

译文：🖊 摘取春天的台菜菜心，腌制过后，将菜中的卤汁压榨出来，把菜装入小瓶中，夏天的时候可以吃。也可以把台菜的花风干，就是所谓的菜花头，可以用它来烹肉。

大头菜

大头菜出南京承恩寺，愈陈愈佳。入荤菜中，最能发鲜。

译文：🖊 大头菜出产自南京的承恩寺，菜放得时间越久越好吃。做菜时，将大头菜放入荤菜中，最能使菜鲜美可口。

萝卜

萝卜取肥大者，酱一二日即吃，甜脆可爱。有侯尼能制为鲞，煎片如蝴蝶，长至丈许，连翩不断，亦一奇也。承恩寺有卖者，用醋为之，以陈为妙。

译文：🖊 选用比较肥大的萝卜，用酱腌制上一两天就取出来吃，又甜又脆，非常可口。有个叫侯尼的人，把萝卜制成鱼干的形状，然后将它们煎成蝴蝶一般的薄片，一丈左右长，一个个连在一起，令人称奇。另外，承恩寺有个卖萝卜的人，他用醋腌制萝卜，这种制法，腌制的时间越长越好。

乳腐

乳腐，以苏州温将军庙前者为佳，黑色而味鲜。有干、湿二种。有虾子腐亦鲜，微嫌腥耳。广西白乳腐最佳。王库官家制亦妙。

译文： 说起腐乳，数苏州温将军庙前人家卖的最好，那里卖的腐乳是黑色的，而且味道鲜美。腐乳有干、湿两种。有一种用虾子做的腐乳的味道也很鲜美，只是略微有点腥味。广西的白乳腐最美味。王库官家制的腐乳也很好吃。

酱炒三果

核桃、杏仁去皮，榛子不必去皮。先用油炮脆，再下酱，不可太焦。酱之多少，亦须相物而行。

译文： 将核桃和杏仁去皮，而榛子不用去皮。先用油将它们炸脆，再放入酱，不要炸得太焦。放入酱的多少，要根据这些坚果的数量而定。

酱石花

将石花洗净入酱中，临吃时再洗。一名麒麟菜。

译文： 将石花菜洗干净后放入酱中，临吃之前再将菜上的酱洗掉。石花菜又叫麒麟菜。

石花糕

将石花熬烂作膏，仍用刀划开，色如蜜蜡。

译文： 将石花菜熬烂后做成膏，用刀把膏划开，颜色如蜜蜡一样。

小松菌

将清酱同松菌入锅滚熟，收起，加麻油入罐中。可食二日，久则味变。

译文： 将松菌和清酱一同放入锅中滚煮，滚熟后收汁起锅。之后将松菌放入罐中，加麻油。这样做出来的松菌可以吃两天，放的时间久了就变味了。

吐蛈

吐蛈出兴化、泰兴。有生成极嫩者，用酒酿浸之，加糖则自吐其油。名为泥螺，以无泥为佳。

译文： 吐蛈出产自兴化和泰兴地区。有生来就很鲜嫩的吐蛈，对于它们，食用前要用酒酿浸泡，加些糖后，吐蛈会自己吐出油来。虽然吐蛈也被称为泥螺，但食用时还是以没有泥为好。

海蛰

用嫩海蛰，甜酒浸之，颇有风味。其光者名为白皮，作丝，酒、醋同拌。

译文： 将鲜嫩的海蜇用甜酒浸泡后食用，吃起来很有滋味。比较光滑的海蜇又叫作白皮，将白皮切成丝，用酒和醋一同调拌食用也可以。

虾子鱼

虾子鱼出苏州。小鱼生而有子。生时烹食之，较美于鲞。

译文： 虾子鱼出产自苏州，小鱼生下来就有鱼籽。趁这种小鱼新鲜时烹食，比鱼干还要美味。

酱姜

生姜取嫩者微腌，先用粗酱套之，再用细酱套之，凡三套而始成。古法用蝉退一个入酱，则姜久而不老。

译文： 选取鲜嫩的生姜稍微腌一下，先用粗酱腌，再用细酱腌，腌过三次后就可以了。古时候在酱腌生姜时放入蝉蜕，这样姜放久了也不会变老。

酱瓜

将瓜腌后，风干入酱，如酱姜之法。不难其甜，而难其脆。杭州施鲁箴家，制之最佳。据云：酱后晒干又酱，故皮薄而皱，上口脆。

译文： 先将瓜腌制一遍，之后风干，再次放入酱中腌制，类似于酱姜的做法。做酱瓜时，要把酱瓜做得甜一点并不难，难的是把酱瓜做脆。杭州施鲁箴家做的酱瓜最好吃，据说瓜在酱腌过之后晒干再腌，所以皮薄且皱，香脆可口。

新蚕豆

新蚕豆之嫩者，以腌芥菜炒之，甚妙。随采随食方佳。

译文： 选取新采摘下来的鲜嫩蚕豆，与腌芥菜一同炒着吃，这种吃法非常棒。蚕豆要随采随吃才好吃。

腌蛋

腌蛋以高邮为佳，颜色红而油多。高文端公最喜食之，席间先夹取以敬客。放盘中，总宜切开带壳，黄、白兼用，不可存黄去白，使味不全，油亦走散。

译文： 高邮出产的腌蛋最好吃，颜色红而且蛋中油多。高文端公最喜欢吃腌蛋，在宴请宾客的时候，他常常夹起腌蛋来敬客。将腌蛋装盘时，要将腌蛋带壳切开，蛋黄和蛋白一起吃，如果只吃蛋黄不吃蛋白的话，腌蛋的味道就不全面，而且蛋黄中的油也容易流失。

混套

将鸡蛋外壳微敲一小洞，将清、黄倒出，去黄用清，加浓鸡卤煨就者拌入，用箸打良久，使之融化，仍装入蛋壳中，上用纸封好，饭锅蒸熟，剥去外壳，仍浑然一鸡卵，此味极鲜。

译文： 在生鸡蛋的外壳上敲一个小小的洞，将蛋清和蛋黄倒出来，把蛋黄去掉，只留蛋清。之后将蛋清放入已经煨好的浓鸡汁中，用筷子长时间搅拌，使蛋清融化在鸡汁中。再将拌好的蛋清和鸡汁倒入蛋壳中，用纸将蛋壳封好，放入饭锅中蒸。蒸熟后，将蛋壳剥掉，出来的仍然像一个完整的鸡蛋，味道也非常鲜美。

茭瓜脯

茭瓜入酱，取起风干，切片成脯，与笋脯相似。

译文： 将茭瓜放入酱中腌制，取出后风干，再将茭瓜切成片，制作成瓜脯，就像笋脯一样。

牛首腐干

豆腐干以牛首僧制者为佳。但山下卖此物者有七家，惟晓堂和尚家所制方妙。

译文： 豆腐干要数牛首和尚家做的最好。而山下卖豆腐干的有七家，只有晓堂和尚家做的才好吃。

酱王瓜

王瓜初生时，择细者腌之入酱，脆而鲜。

译文： 王瓜刚长出来时，选择细小的放入酱中腌制，又脆又鲜。

点心单

梁昭明以点心为小食，郑修嫂劝叔“且点心”，由来旧矣，作《点心单》。

译文： 梁朝昭明太子称点心为小食，郑修的嫂子劝他吃点心，点心这一称呼由来已久，写作《点心单》一章。

鳗面

大鳗一条蒸烂，拆肉去骨，和入面中，入鸡汤清揉之，擀成面皮，小刀划成细条，入鸡汁、火腿汁、蘑菇汁滚。

译文： 将一条大鳗鱼蒸烂，把鱼骨从鱼肉中去掉。之后将鱼肉和进面里，加入清淡一点的鸡汤后将面揉匀，把揉好的面擀成面皮，用小刀把面皮划成一条条的细面条，再把面条放入鸡汁、火腿汁、蘑菇汁里面煮滚，煮熟后就可以吃了。

温面

将细面下汤沥干，放碗中，用鸡肉、香蕈浓卤，临吃，各自取瓢加上。

译文： 将细面下到汤里煮，煮熟后捞出来沥干，盛到碗中。同时用鸡肉和香菇制成浓卤汁，临吃时，各自用瓢将卤汁浇到面上就可以了。

鳝面

熬鳝成卤，加面再滚。此杭州法。

译文： 将鳝鱼熬成卤汁，把面下到卤汁中滚熟。这是杭州人的做法。

裙带面

以小刀截面成条，微宽，则号“裙带面”。大概作面，总以汤多为佳，在碗中望不见面为妙。宁使食毕再加，以便引人入胜。此法扬州盛行，恰甚有道理。

译文： 用小刀将擀好的面皮切成一条一条的，切得宽一点的面条，被人称作“裙带面”。大体上，吃面的时候最好是汤要多，在碗中看不到面最好，这样人们吃完一碗面就会还想吃，引人食欲。这种吃法在扬州很盛行，恰恰是因为它很有道理。

素面

先一日将蘑菇蓬熬汁，定清，次日将笋熬汁，加面滚上。此法扬州定慧庵僧人制之极精，不肯传人。然其大概亦可仿求。其纯黑色的，或云暗用虾汁、蘑菇原汁，只宜澄去泥沙，不重换水，一换水，则原味薄矣。

译文： 做素面的前一天，要先用蘑菇蓬熬制卤汁并将汁澄清，第二天再用笋熬制卤汁，然后将面下到这两种卤汁中滚熟。这是扬州定慧庵和尚做素面的方法，他不肯将这种方法传授给其他人。但人们大体上也可以模仿出这种做法来。这样做出来的素面，其中的汤是纯黑色的，有人说是往里面放了虾汁和蘑菇原汁。要注意的是，只能将汤汁中的泥沙澄净，而不能重新换水，一换水，面汤的原味就淡薄了。

蓑衣饼

干面用冷水调，不可多，揉擀薄后，卷拢再擀薄了，用猪油、白糖铺匀，再卷拢擀成薄饼，用猪油熯黄。如要盐的，用葱、椒、盐亦可。

译文： 用冷水把干面粉调和成面团，不要放太多水，将面团揉好后擀薄，再将擀薄的面聚拢，之后再次擀成薄饼，把猪油和白糖均匀地铺在薄饼上，将薄饼聚拢起来后，再次擀成薄饼，用猪油将薄饼煎黄。如果想要吃咸的蓑衣饼，加入葱、椒、盐就可以了。

虾饼

生虾肉，葱、盐、花椒、甜酒脚少许，加水和面，香油灼透。

译文： 用生虾肉，加入少量葱、盐、花椒和甜酒脚，用水将面和这些食料和匀成饼，放入香油中炸透即可。

薄饼

山东孔藩台家制薄饼，薄若蝉翼，大若茶盘，柔腻绝伦。家人如其法为之，卒不能及，不知何故。秦人制小锡罐，装饼三十张，每客一罐，饼小如柑。罐有盖，可以贮。馅用炒肉丝，其细如发，葱亦如之。猪、羊并用，号曰“西饼”。

译文： 山东孔藩台家烧制的薄饼，薄得像蝉翼，大得像茶盘，柔软油腻，无与伦比。我的家人曾按照孔家的做法来做饼，却始终不如他家做得好吃，不知是为什么。陕甘地区的人用小锡罐装饼，每个小锡罐装饼三十张，每位客人一罐饼，饼小得跟柑一样。这种锡罐有盖子，饼可以放到里面储存。饼中的馅是用炒肉丝来做的，肉丝切得跟头发一样细，葱也如此。做饼时，可以同时放入猪肉和羊肉，这样做出来的饼被叫作“西饼”。

松饼

南京莲花桥教门方店最精。

译文： 说起松饼，要数南京莲花桥教门方店做的最好吃。

面老鼠

以热水和面，俟鸡汁滚时，以箸夹入，不分大小，加活菜心，别有风味。

译文： 用热水和面，等锅内鸡汤煮滚后，用筷子将面疙瘩一个个夹入鸡汤内，不分大小。如果再加入新鲜的菜心，更是别有滋味。

颠不棱 即肉饺也

糊面摊开，裹肉为馅蒸之。其讨好处，全在作馅得法，不过肉嫩、去筋、作料而已。余到广东，吃官镇台颠不棱，甚佳。中用肉皮煨膏为馅，故觉软美。

译文： 将揉好的面糊摊开，把肉裹进去做馅，上锅蒸。颠不棱之所以让人爱吃，全在于肉馅调得好，当然，要调好肉馅，也不过是注意选嫩肉，把肉中的筋去掉，作料调拌得当而已。我曾在广东吃到官镇台的颠不棱，非常好吃，他们的做法是将肉皮煨成膏来做馅，所以吃起来会觉得柔软鲜美。

肉馄饨

作馄饨，与饺同。

译文： 制作馄饨的方法与饺子相同。

韭合

韭菜切末拌肉，加作料，面皮包之，入油灼之。面内加酥更妙。

译文： 将韭菜切成碎末，和肉搅拌在一起，加上作料，用面皮包起来，放入油中煎炸。如果在面里加上酥油就更好吃了。

糖饼 又名面衣

糖水溲面，起油锅令热，用箸夹入。其作成饼形者，号“软锅饼”。杭州法也。

译文： 用糖水和面，将锅中的油烧热后，用筷子将面饼夹到油锅中煎炸。面呈饼形，被称为“软锅饼”。这是杭州人的做法。

烧饼

用松子、胡桃仁敲碎，加糖屑、脂油，和面炙之，以两面熯黄为度，而加芝麻。扣儿会做，面罗至四五次，则白如雪矣。须用两面锅，上下放火，得奶酥更佳。

译文： 将松子、胡桃仁敲碎，加上糖末和脂油，一同和入面中。将面和成饼状后放到火上烘烤，饼两面都要烤黄，在上面撒些芝麻。扣儿会做烧饼。把面放到面筛子中筛过四五次后，面色白如雪。烘制烧饼时需要用两面锅，上下都放上炭火。如果在烧饼内加入奶酥就更好了。

千层馒头

杨参戎家制馒头，其白如雪，揭之如有千层。金陵人不能也。其法扬州得半，常州、无锡亦得其半。

译文： 杨参戎家做的馒头白得像雪一样，揭开馒头看，层层叠叠，好像有千层之多。南京人不会做千层馒头。千层馒头的做法，部分来自扬州，部分则来自常州和无锡。

面茶

熬粗茶汁，炒面兑入，加芝麻酱亦可，加牛乳亦可，微加一撮盐。无乳则加奶酥、奶皮亦可。

译文： 将粗茶叶熬成汁，把炒面兑入茶叶汁中，放入芝麻酱也可以，放入牛奶也可以，再稍微加一小撮盐。没有牛奶的话，加奶酥和奶皮也是可以的。

杏酪

捶杏仁作浆，挍去渣，拌米粉，加糖熬之。

译文： 将杏仁捶烂作浆，把浆中的渣子过滤掉，拌入米粉，加上糖熬煮食用。

粉衣

如作面衣之法。加糖、加盐俱可，取其便也。

译文： 粉衣的做法和面衣的做法相似，做粉衣时加糖、加盐都是可以的，按自己口味定。

竹叶粽

取竹叶裹白糯米煮之。尖小，如初生菱角。

译文： 用竹叶将白糯米包裹起来，煮着吃。煮好的竹叶粽又尖又小，像刚生出的菱角一样。

萝卜汤圆

萝卜刨丝滚熟，去臭气，微干，加葱、酱拌之，放粉团中作馅，再用麻油灼之，汤滚亦可。春圃方伯家制萝卜饼，扣儿学会，可照此法作韭菜饼、野鸡饼试之。

译文： 将萝卜刨成丝，放入锅中滚熟，也滚去萝卜的臭气，稍微晾干一下，加葱和酱调拌。将调拌好的萝卜丝放入面粉团中做馅，再用麻油煎炸粉团，用汤煮滚也是可以的。春圃方伯家做萝卜饼的方法，扣儿已经学会了，也可以按照这种方法试着制作韭菜饼和野鸡饼。

水粉汤圆

用水粉和作汤圆，滑腻异常，中用松仁、核桃、猪油、糖作馅，或嫩肉去筋丝捶烂，加葱末、秋油作馅亦可。作水粉法，以糯米浸水中一日夜，带水磨之，用布盛接，布下加灰，以去其渣，取细粉晒干用。

译文： 把水粉和成一个个的汤圆，非常滑腻。汤圆中可加松仁、核桃、猪油、糖做馅，也可以用剁碎的去掉筋的嫩肉做馅，用肉做馅时要加葱末和秋油。做水粉的方法是：将糯米放入水中浸泡一天一夜，之后将糯米带水放到石磨上磨制，下边用布接住磨出来的糯米浆，布的下面放上灰，用来去掉渣子，之后选取细粉晒干就可以了。

脂油糕

用纯糯粉拌脂油，放盘中蒸熟，加冰糖捶碎，入粉中，蒸好用刀切开。

译文： 将纯糯米粉拌入脂油中，再把捶碎的冰糖放入其中，之后将拌好的米粉糕放入盘中蒸。蒸熟后用刀切块食用。

雪花糕

蒸糯饭捣烂，用芝麻屑加糖为馅，打成一饼，再切方块。

译文： 做雪花糕，先将糯米蒸成饭捣烂，把芝麻屑和糖加入其中做馅，之后打成一张大饼，用刀切块食用。

软香糕

软香糕，以苏州都林桥为第一；其次虎丘糕，西施家为第二；南京南门外报恩寺则第三矣。

译文： 说起软香糕，苏州都林桥做的最好吃；其次为西施家的虎丘糕；第三则是南京南门外报恩寺所做的。

百果糕

杭州北关外卖者最佳。以粉糯，多松仁、胡桃，而不放橙丁者为妙。其甜处非蜜非糖，可暂可久，家中不能得其法。

译文： 百果糕数杭州北关外卖的最好吃。那种用粉糯，松仁和胡桃放得比较多，而不放橙丁的百果糕比较好吃。百果糕的甜味既不是蜜的那种甜，也不是糖的那种甜。百果糕可以长时间存放，只是我家并没有得到具体的制作方法。

栗糕

煮栗极烂，以纯糯粉加糖为糕蒸之，上加瓜仁、松子。此重阳小食也。

译文： 将栗子煮到极烂，与纯糯米粉、糖调拌成糕后蒸熟，在糕上加瓜仁和松子。栗糕是重阳节时吃的小点心。

青糕青团

捣青草为汁，和粉作粉团，色如碧玉。

译文： 将青草捣出汁液来，和入面粉中制成粉团，颜色如碧玉。

合欢饼

蒸糕为饭，以木印印之，如小珙璧状，入铁架熯之，微用油，方不粘架。

译文： 将米饭蒸熟后制成米糕，用木印将米糕印成小珙璧的样子，放到铁架上，用火烘烤。注意要在米糕上放一点点油，这样就不会粘到架子上。

鸡豆糕

研碎鸡豆，用微粉为糕，放盘中蒸之。临食用小刀片开。

译文： 将鸡豆研磨碎，加入少量米粉制成糕，放到盘中蒸熟。吃的时候，用小刀把鸡豆糕切成片食用。

鸡豆粥

磨碎鸡豆为粥，鲜者最佳，陈者亦可。加山药、茯苓尤妙。

译文： 将鸡豆研磨碎后煮粥，用新鲜的鸡豆最好，放陈的鸡豆也可以。煮粥时加上山药、茯苓更棒。

金团

杭州金团，凿木为桃、杏、元宝之状，和粉搦成，入木印中便成。其馅不拘荤素。

译文： 制作杭州金团前，先将木头雕刻成桃、杏、元宝的样子，制成模子，再把和好的米粉按入模子中，来回按压就可以了。金团的馅可以是荤的，也可以是素的。

藕粉　百合粉

藕粉非自磨者，信之不真。百合粉亦然。

译文： 不是自家磨制的藕粉，不敢相信是真正的藕粉。同样地，不是自家磨制的百合粉，也不敢相信是真正的百合粉。

麻团

蒸糯米捣烂为团，用芝麻屑拌糖作馅。

译文： 将蒸熟的糯米捣烂做成团，用芝麻屑拌糖作为麻团的馅。

芋粉团

磨芋粉晒干，和米粉用之。朝天宫道士制芋粉团，野鸡馅，极佳。

译文： 将芋头磨成粉后晒干，与米粉和在一起，制成芋粉团。朝天宫道士制作的芋粉团，用野鸡肉做馅，非常好吃。

熟藕

藕须贯米加糖自煮，并汤极佳。外卖者多用灰水，味变，不可食也。余性爱食嫩藕，虽软熟而以齿决，故味在也。如老藕一煮成泥，便无味矣。

译文： 做藕时需要将米和糖灌入藕中，在自家烹煮，连藕汤一起食用，味道很不错。外边卖的藕多是用灰水煮的，藕的味道变了，难以下咽。我生性爱吃嫩藕，虽然煮熟后的嫩藕很软，但是还可以用牙咬，所以藕的味道还都在。而老的藕一煮就化成泥，味道全没了。

新栗 新菱

新出之栗，烂煮之，有松子仁香。厨人不肯煨烂，故金陵人有终身不知其味者。新菱亦然，金陵人待其老方食故也。

译文： 将新出的鲜栗子煮烂熟，有松子仁的香味。而厨师一般不愿意将栗子煨烂，所以很多南京人一辈子都不知道栗子会有松子仁的味道。新出的菱角也是如此，很多南京人要等菱角老了才吃，所以不知道菱角有另一种味道。

莲子

建莲虽贵，不如湖莲之易煮也。大概小熟，抽心去皮，后下汤，用文火煨之，闷住合盖，不可开视，不可停火，如此两炷香，则莲子熟时，不生骨矣。

译文： 福建出产的莲子虽然价格昂贵，但不如湖南产的莲子容易煮熟。大体来说，先将莲子煮到微熟，去掉莲子皮、莲子心后，放入汤中，文火慢煨。注意要把锅盖盖严实，不要打开看，也不要停火。这样煨煮两炷香的时间，莲子就煮熟了，吃的时候感觉不到莲子的生硬。

芋

十月天晴时，取芋子、芋头，晒之极干，放草中，勿使冻伤。春间煮食，有自然之甘。俗人不知。

译文： 等十月天气晴朗的时候，将芋子和芋头取出，晒至极干。之后将它们放入草中，注意不要让它们冻坏。春天时把这些芋子和芋头放入锅中煮着吃，有一种源于自然的甘甜之味。一般人不知道这种吃法。

萧美人点心

仪真南门外，萧美人善制点心，凡馒头、糕、饺之类，小巧可爱，洁白如雪。

译文： 仪真南门外的萧美人善于制作点心，大凡馒头、糕、饺子之类的小食物，都做得小巧可爱，颜色白得像雪一样。

刘方伯月饼

用山东飞面，作酥为皮，中用松仁、核桃仁、瓜子仁为细末，微加冰糖和猪油作馅，食之不觉甚甜，而香松柔腻，迥异寻常。

译文： 刘方伯月饼的做法是：用山东出产的精面粉做成酥皮，月饼中间用研磨成细末的松仁、核桃仁、瓜子仁做馅，馅中再稍微加一点冰糖和猪油。这样做出来的月饼，吃起来并不会觉得很甜，却香嫩松软又柔滑细腻，跟其他的月饼很不一样。

陶方伯十景点心

每至年节，陶方伯夫人手制点心十种，皆山东飞面所为。奇形诡状，五色纷披，食之皆甘，令人应接不暇。萨制军云："吃孔方伯薄饼，而天下之薄饼可废；吃陶方伯十景点心，而天下之点心可废。"自陶方伯亡，而此点心亦成《广陵散》矣。呜呼！

译文： 每到过年过节，陶方伯夫人总是亲手制作十种点心，号称"十景点心"。这些点心都是用山东精面粉制成的，奇形怪状，五彩缤纷，吃时都有甘甜的味道，令人应接不暇。萨制军曾说过："吃孔方伯家的薄饼，天下所有的薄饼都没必要再吃了；吃陶方伯家的十景点心，天下所有的点心也不必再吃了。"而陶方伯死后，他家的十景点心也像《广陵散》一样失传了，真是可惜！

杨中丞西洋饼

用鸡蛋清和飞面作稠水，放碗中。打铜夹剪一把，头上作饼形，如蝶大，上下两面，铜合缝处不到一分。生烈火烘铜夹，撩稠水，一糊一夹一熯，顷刻成饼。白如雪，明如绵纸，微加冰糖、松仁屑子。

译文： 杨中丞家西洋饼的做法是：先用鸡蛋清和精面粉调成面浆，放到碗中。同时打制一把铜夹子，夹子的顶端打造成上下两面可以接合的、如蝴蝶大小的饼形，注意上下两面的接合处不到一分。用旺火烘烤铜夹子，把面浆倒入铜夹子中，夹起来烤一下，顷刻就做成一张饼。杨中丞家的西洋饼做出来色白如雪，透明如绵纸。还可以在饼中稍微加点冰糖和松仁屑子。

白云片

南殊锅巴，薄如绵纸，以油炙之，微加白糖，上口极脆。金陵人制之最精，号“白云片”。

译文： 南殊锅巴薄得如绵纸一样。用油煎炸，稍微加一点白糖，吃起来非常脆。南京人做的最好吃，被人称为“白云片”。

风枵

以白粉浸透，制小片入猪油灼之，起锅时加糖糁之，色白如霜，上口而化。杭人号曰“风枵”。

译文： 将米粉浸泡透后制成小片，放入猪油中煎炸，起锅时往里边加糖，做好后色白如霜，入口即化。杭州人称之为“风枵”。

三层玉带糕

以纯糯粉作糕，分作三层；一层粉，一层猪油、白糖，夹好蒸之，蒸熟切开。苏州人法也。

译文： 用纯糯米粉制作糕点，制成三层，上下各一层粉，中间一层猪油和白糖，上下夹好后放入锅里蒸，蒸熟后切块食用。这是苏州人的做法。

运司糕

卢雅雨作运司，年已老矣。扬州店中作糕献之，大加称赏。从此遂有“运司糕”之名。色白如雪，点胭脂，红如桃花。微糖作馅，淡而弥旨。以运司衙门前店作为佳。他店粉粗色劣。

译文： 卢雅雨任职运司时年事已高，扬州糕点店制作糕点献给他，他吃过后大加赞赏。从此这种糕点就被叫作“运司糕”。运司糕色白如雪，上面微微放上一点胭脂，红得跟桃花一样。在制作时，放入一点点糖做馅，味道虽淡却更加美味。运司糕以运司衙门前的糕点店中卖的最好吃，其他店做的，粉又粗，颜色又难看。

沙糕

糯粉蒸糕，中夹芝麻、糖屑。

译文： 用糯米粉制作沙糕，中间夹上芝麻和糖屑做馅。

小馒头 小馄饨

作馒头如胡桃大，就蒸笼食之。每箸可夹一双。扬州物也。扬州发酵最佳，手捺之不盈半寸，放松仍隆然而高。小馄饨小如龙眼，用鸡汤下之。

译文： 将馒头做成胡桃般大小，放入蒸笼中蒸食，吃的时候，每双筷子可以夹起两个。小馒头是扬州的特色食物，扬州做的小馒头发面最好，用手按下去不到半寸，放手后就重新隆起。而小馄饨也小得如同龙眼一样，下到鸡汤中煮着吃。

雪蒸糕法

每磨细粉，用糯米二分、粳米八分为则，一拌粉，将粉置盘中，用凉水细细洒之，以捏则如团、撒则如砂为度。将粗麻筛筛出，其剩下块搓碎，仍于筛上尽出之，前后和匀，使干湿不偏枯，以巾覆之，勿令风干日燥，听用。水中酌加上洋糖则更有味，拌粉与市中枕儿糕法同。一锡圈及锡钱，俱宜洗剔极净，临时略将香油和水，布蘸拭之。每一蒸后，必一洗一拭。一锡圈内，将锡钱置妥，先松装粉一小半，将果馅轻置当中，后将粉松装满圈，轻轻挡平，套汤瓶上盖之，视盖口气直冲为度。取出覆之，先去圈，后去钱，饰以胭脂。两圈更递为用。一汤瓶宜洗净，置汤分寸以及肩为度。然多滚则汤易涸，宜留心看视，备热水频添。

译文： 制作雪蒸糕用的细粉，要按糯米二分、粳米八分的比例磨制。将拌匀的细粉放入盘中，用凉水细细地洒在上面，使面粉捏则可成团，撒开则像沙子一样。用粗麻筛将细的面粉筛出，剩下粗粉搓碎后继续筛，直到筛干净为止。和面粉时，前后要和均匀，使之干湿适中。将和好的面用毛巾盖住留着蒸糕用，注意不要使它被风吹干或被太阳晒干。（在水中酌量加上白糖可能更有味道。拌粉的方法与制作枕儿糕的方法相同。）同时，将锡圈和锡钱洗剔极净，使用前，要用布蘸点香油和水，擦拭干净。每蒸一次，就要擦洗一次。将锡钱放好在锡圈内，松松地装入一小半细粉，轻轻地放入果馅，之后将细粉装满锡圈，轻轻地抹平，套在汤瓶上盖住蒸，直到盖口有热气冲出为止。蒸熟取下后将雪蒸糕翻倒过来，先把锡圈取下，再取下锡钱，用胭脂装饰一下。在做雪蒸糕时，要两个锡圈交替使用。汤瓶应先洗干净，瓶中的汤水要到瓶颈的位置。要注意滚的时间长了，汤容易干涸，应该留心查看，备好热水随时添加。

作酥饼法

冷定脂油一碗，开水一碗，先将油同水搅匀，入生面，尽揉要软，如擀饼一样，外用蒸熟面入脂油，合作一处，不要硬了。然后将生面做团子，如核桃大，将熟面亦作团子，略小一晕，再将熟面团子包在生面团子中，擀成长饼，长可八寸，宽二三寸许，然后折叠如碗样，包上穰子。

译文： 准备一碗冷冻的脂油、一碗开水，将脂油同水搅匀后拌入生面中，使劲揉搓到面变软，如同擀饼一样。同时，把脂油加入蒸熟的面中和成一团，不要将面团和硬了。之后，将生面揉成核桃般大小的团子，熟面则揉成略小一圈的团子。将熟面团子包在生面团子里，擀成八寸长、二三寸宽的长饼，然后将其折叠成碗的样子，记住要包入馅。

天然饼

泾阳张荷塘明府家制天然饼，用上白飞面，加微糖及脂油为酥，随意搦成饼样，如碗大，不拘方圆，厚二分许。用洁净小鹅子石，衬而熯之，随其自为凹凸，色半黄便起，松美异常。或用盐亦可。

译文： 泾阳张荷塘明府家烧制天然饼的方法是：选用上等的白精面，稍微加一些糖和脂油使之变酥，将面粉随意按捏成饼的样子，大体上使饼像碗一样大，约有二分厚，不用在乎饼是否方圆周正。之后将洗干净的小鹅子石放入锅中，再把捏好的饼放在石子上烘烤，任饼变得凹凸不平，等饼的颜色半黄时起锅。这样做出来的天然饼非常松嫩美味。用盐烘制咸味的天然饼也是可以的。

花边月饼

明府家制花边月饼，不在山东刘方伯之下。余尝以轿迎其女厨来园制造，看用飞面拌生猪油子团百搦，才用枣肉嵌入为馅，裁如碗大，以手搦其四边菱花样。用火盆两个，上下覆而炙之。枣不去皮，取其鲜也；油不先熬，取其生也。含之上口而化，甘而不腻，松而不滞，其功夫全在搦中，愈多愈妙。

译文： 明府家制作的花边月饼，好吃的程度不在山东刘方伯家之下。我曾派人用轿子把明府家的女厨迎到我家来做月饼，她将生猪油丁拌入精面粉中，按揉成团，她足足揉了上百下，才把做馅的枣肉放入其中。之后将月饼裁切成如碗一样大，用手在月饼的四周捏出菱花形的花边。再将月饼夹在两个火盆中间，上火烘烤。做花边月饼时，枣不要去掉皮，这样就保留了枣的鲜味；猪油也不要熬制，以保留猪油的生鲜。这样做出来的花边月饼入口即化，甜而不腻，松而不散。制作花边月饼的功夫全在揉面成饼的过程，揉的次数越多越好。

制馒头法

偶食新明府馒头，白细如雪，面有银光，以为是北面之故，龙云不然，面不分南北，只要罗得极细。罗筛至五次，则自然白细，不必北面也。惟做酵最难，请其庖人来教，学之卒不能松散。

译文： 偶然吃到新明府的馒头，非常细软，色白如雪，馒头表面散发着银光。我以为他家馒头是用北方的精面粉做的，所以做得这么好。龙告诉我不是这样的，面不分南北，只要把面粉筛得极细致就可以了，用面筛子筛上五次，面粉自然就白细了，不一定非得是北方的精面粉。只是发酵面粉最难做，我请他家厨师来教，却始终学不会，馒头一直没能做出松软的效果。

扬州洪府粽子

洪府制粽，取顶高糯米，捡其完善长白者，去其半颗散碎者，淘之极熟，用大箬叶裹之，中放好火腿一大块，封锅闷煨一日一夜，柴薪不断。食之滑腻温柔，肉与米化。或云：即用火腿肥者斩碎，散置米中。

译文： 洪府做的粽子，都是用的最好的糯米。他们挑拣出那种完整的、又长又白的糯米粒，而把不完整的、散碎的糯米粒去掉，反复淘洗。之后用大箬叶将糯米包起来，中间加一大块好火腿，放入锅中封好，焖煨上一天一夜，柴火要不断，保证火一直烧着。粽子做好后，吃起来滑腻柔软，肉和米都是入口即化。有人说，这是把火腿切碎后撒进糯米中的缘故。

饭粥单

粥饭本也，余菜末也。本立而道生。作《饭粥单》。

译文： 对于饮食来说，粥饭是根本，其他的菜都在其次。根本确立起来了，各种法则也就相应确立起来了。写作《饭粥单》一章。

饭

王莽云："盐者，百肴之将。"余则曰："饭者，百味之本。"《诗》称："释之溲溲，蒸之浮浮。"是古人亦吃蒸饭。然终嫌米汁不在饭中。善煮饭者，虽煮如蒸，依旧颗粒分明，入口软糯。其诀有四：一要米好，或香稻，或冬霜，或晚米，或观音籼，或桃花籼，舂之极熟，霉天风摊播之，不使惹霉发疹。一要善淘，淘米时不惜工夫，用手揉擦，使水从箩中淋出，竟成清水，无复米色。一要用火先武后文，闷起得宜。一要相米放水，不多不少，燥湿得宜。往往见富贵人家，讲菜不讲饭，逐末忘本，真为可笑。余不喜汤浇饭，恶失饭之本味故也。汤果佳，宁一口吃汤，一口吃饭，分前后食之，方两全其美。不得已，则用茶、用开水淘之，犹不夺饭之正味。饭之甘，在百味之上；知味者，遇好饭不必用菜。

译文： 王莽曾说过：“盐是所有菜的将领。”我却要说：“饭是所有食物的根本。”《诗经》中记载了古人做饭时的场景：“淘米的声音溲溲响，蒸饭时热气腾腾。”可见古人也是吃蒸饭的，只是终究还是嫌米汁不在饭中。善于煮饭的人做的饭，虽然是用煮的，却和蒸的一样，颗粒分明，入口感觉又软又黏。其诀窍有四点：第一是要用好米，可以用香稻米、冬霜米、晚米、观音籼，或者桃花籼。要将米舂干净，梅雨时节要将米摊开，让风把米中的湿气吹走，不要让米发霉变质。第二是要仔细淘米，淘米时不要怕浪费工夫，反复用手揉搓，要淘到让淘米水变成清水，没有一点米色为止。第三是要掌握好火候，先用猛火再用文火，焖的时间和起锅的时间要掌握好。第四是放水要得当，要放得不多不少，使米饭干湿适中。往往会看到有些富贵人家，只对菜很讲究，对饭则比较马虎，这是在舍本逐末，真是可笑。我不太喜欢把汤浇到饭上吃，因为这样吃会使米饭本来的美味丧失。如果汤真的很好，那我宁可一边喝汤一边吃饭，汤和饭分开前后吃才是两全其美。不得已时，就用茶或开水淘饭，才不至于使饭的本味丧失。米饭的甘美，在其他食物之上，懂得品味饭的美味的人，遇到好吃的饭连菜都不想吃了。

粥

见水不见米，非粥也；见米不见水，非粥也。必使水米融洽，柔腻如一，而后谓之粥。尹文端公曰："宁人等粥，毋粥等人。"此真名言，防停顿而味变汤干故也。近有为鸭粥者，入以荤腥；为八宝粥者，入以果品，俱失粥之正味。不得已，则夏用绿豆，冬用黍米，以五谷入五谷，尚属不妨。余尝食于某观察家，诸菜尚可，而饭粥粗粝，勉强咽下，归而大病。尝戏语人曰：此是五脏神暴落难，是故自禁受不得。

译文： 只见水不见米，不算是粥；只见米不见水，也不算是粥。做粥必须要使水和米融为一体，吃起来又柔又腻，这样才算是真正的粥。尹文端公曾说："宁可使人等着粥出锅，也不要使粥出锅后放着等人吃。"这句话简直是真理，因为粥放久了味就变了，汤也会变干。近来有人做鸭肉粥，将有腥味的鸭肉放入粥中，也有人在做八宝粥时放入果品，这都会使粥失去它的本味。不得不往粥中放东西时，那么就在夏天放绿豆，冬天放黍米，将五谷放入五谷中，并没有什么大碍。我曾到某观察家吃饭，各种菜都还算可口，只是饭粥比较粗糙，勉强下咽，回家就生了场大病。我曾对人开玩笑说：这是我五脏的保护神们落难了，所以自己受不了。

茶酒单

七碗生风，一杯忘世，非饮用六清不可。作《茶酒单》。

译文： 人喝七碗茶就觉得两腋生风，喝一杯酒就能忘掉世上的一切，人非要喝这六种饮料不可。写作《茶酒单》一章。

茶

欲治好茶，先藏好水。水求中泠、惠泉。人家中何能置驿而办？然天泉水、雪水，力能藏之。水新则味辣，陈则味甘。尝尽天下之茶，以武夷山顶所生、冲开白色者为第一。然入贡尚不能多，况民间乎？其次，莫如龙井。清明前者，号“莲心”，太觉味淡，以多用为妙；雨前最好，一旗一枪，绿如碧玉。收法须用小纸包，每包四两，放石灰坛中，过十日则换石灰，上用纸盖扎住，否则气出而色味又变矣。烹时用武火，用穿心罐，一滚便泡，滚久则水味变矣。停滚再泡，则叶浮矣。一泡便饮，用盖掩之，则味又变矣。此中消息，间不容发也。山西裴中丞尝谓人曰：“余昨日过随园，才吃一杯好茶。”呜呼！公山西人也，能为此言，而我见士大夫生长杭州，一入宦场便吃熬茶，其苦如药，其色如血。此不过肠肥脑满之人吃槟榔法也。俗矣！除吾乡龙井外，余以为可饮者，胪列于后。

译文： 要喝好茶，先存好水，泡茶的水应该用中泠泉、惠泉中的泉水。普通人家当然不能设置驿站运送泉水来喝。但天然的雨水、雪水却是容易储藏的。刚下下来的雨水和雪水味道比较辣，将它们放久了就有甘甜的味道。我尝尽了天下所有的茶，以武夷山顶所出产的、一冲就变成白色的茶叶最好喝。然而这种茶叶进贡给皇上还不够，民间又怎么能喝得到呢？除此之外，龙井算是最好的茶叶了。清明节前后出产的龙井被称为“莲心”，味道比较淡，冲泡时最好多放一点。龙井数谷雨之前出产的最好，一旗一枪，绿得跟碧玉一样。收藏龙井茶时要用小纸包，每包包上四两茶叶，放入石灰坛中，过上十天就换一次石灰。石灰坛上要用纸盖扎住封好，否则茶叶的香味会散失，颜色也会变。烹煮时要用猛火，用穿心罐，水一煮滚就把茶叶泡上，否则水滚久了味道就会变。如果水停滚之后再泡茶，茶叶就会浮到水面上。茶水一泡好就要喝，如果用盖子盖住茶水，茶的味道又会变。这其中的差别是极其精细的，稍微不注意就会出现差错。山西裴中丞曾对别人说：“我昨天到随园后，才喝到了一杯好茶叶。”唉！裴中丞是山西人，还能讲出这样的话，我见过很多生长在杭州的士大夫，一入官场便吃起了熬茶，味道苦得跟药一样，颜色红得跟血一样。这不过是那些脑满肥肠的人吃槟榔的方法，特别俗气！除了我家乡的龙井外，我认为好喝的茶叶，都罗列在后面了。

武夷茶

余向不喜武夷茶，嫌其浓苦如饮药。然丙午秋，余游武夷到曼亭峰、天游寺诸处，僧道争以茶献。杯小如胡桃，壶小如香橼，每斟无一两，上口不忍遽咽，先嗅其香，再试其味，徐徐咀嚼而体贴之，果然清芬扑鼻，舌有余甘，一杯之后，再试一二杯，令人释躁平矜，怡情悦性。始觉龙井虽清而味薄矣，阳羡虽佳而韵逊矣。颇有玉与水晶，品格不同之故。故武夷享天下盛名，真乃不忝。且可以瀹至三次，而其味犹未尽。

译文： 我一向不喜欢喝武夷茶，总是嫌它的味道太苦，跟药一样。丙午年的秋天，我游玩到武夷山的曼亭峰、天游寺等几个地方，僧人道士均拿武夷茶来招待我。他们的茶杯小得跟胡桃一样，茶壶则小得跟香橼一样，每杯还不到一两茶水，然而茶水上口后就不忍心咽下去了。先闻闻茶的香味，再稍微喝一小口，尝尝茶的味道，慢慢地咀嚼茶叶，细细地品味，果然茶香扑鼻，喝过之后口中还留有余味。喝了一杯之后，再喝一两杯，心中的躁气和傲气都消失不见了，感觉心旷神怡。这时才觉得龙井虽然清香，味道却淡薄了一些；而阳羡茶虽然好喝，韵味却略有逊色，这就如同玉和水晶的差别，不同的茶叶有不同的品格。所以武夷茶天下闻名，是当之无愧的。而且武夷茶冲泡三次过后，味道仍然没有泡尽。

龙井茶

杭州山茶，处处皆清，不过以龙井为最耳。每还乡上冢，见管坟人家送一杯茶，水清茶绿，富贵人所不能吃者也。

译文： 杭州山间所产的茶叶，每一种都很清香，不过这其中还是龙井最好。每次回老家扫墓，管坟的人都会送一杯龙井茶喝，水清茶绿，这是富贵人家所不能喝到的。

常州阳羡茶

阳羡茶，深碧色，形如雀舌，又如巨米，味较龙井略浓。

译文： 阳羡茶是深绿色的，形状像麻雀的舌头，又像巨大的米粒，味道比龙井稍微浓一些。

洞庭君山茶

洞庭君山出茶，色味与龙井相同，叶微宽而绿过之，采掇最少。方毓川抚军曾惠两瓶，果然佳绝。后有送者，俱非真君山物矣。

此外如六安、银针、毛尖、梅片、安化，概行黜落。

译文： 洞庭君山所出产的茶叶，颜色和味道都与龙井相同，叶子比龙井宽，颜色也比龙井绿，但采摘量不大。方毓川抚军曾送给我两瓶君山茶，品尝后发现它果然很好。后来也有人送君山茶，但都不是真正产自君山的茶叶。

另外，像六安、银针、毛尖、梅片、安化这一类的茶叶，就先不选入本书了。

酒

余性不近酒，故律酒过严，转能深知酒味。今海内动行绍兴，然沧酒之清，浔酒之洌，川酒之鲜，岂在绍兴下哉！大概酒似耆老宿儒，越陈越贵，以初开坛者为佳，谚所谓“酒头茶脚”是也。炖法不及则凉，太过则老，近火则味变，须隔水炖，而谨塞其出气处才佳。取可饮者，开列于后。

译文： 我天生不太喜欢饮酒，所以评判酒的标准也很严苛，这反而能使我更加了解酒的好坏。如今绍兴酒很流行，然而沧酒的清爽、浔酒的清澄、川酒的鲜美，都不在绍兴酒之下。大体来说，酒就像学问渊博的老学者，年纪越大越珍贵。刚开坛的酒最好喝，俗话说“要喝刚开坛的酒，要饮后泡的茶”，就是这个意思。温酒的方法也要注意，温得不够酒太凉，温过了酒就变老了。温酒时靠火太近，酒容易变味，需要隔着水加温，同时要把酒壶塞严实，防止酒气外漏。现在选取几种能喝的酒列在后面。

金坛干酒

于文襄公家所造，有甜、涩二种，以涩者为佳。一清彻骨，色若松花。其味略似绍兴，而清洌过之。

译文： 于文襄公家所酿的酒，有甜、涩两种口味，涩味的酒更好喝。这种酒喝下肚中，清澈心脾，颜色如松花一样，味道与绍兴酒相似，而比绍兴酒清爽。

德州卢酒

卢雅雨转运家所造，色如于酒，而味略厚。

译文： 卢雅雨转运家所酿造的卢酒，颜色跟于文襄公家所酿的酒一样，而味道则更为醇厚。

四川郫筒酒

郫筒酒，清洌彻底，饮之如梨汁蔗浆，不知其为酒也。但从四川万里而来，鲜有不味变者。余七饮郫筒，惟杨笠湖刺史木簰上所带为佳。

译文： 四川郫县产的郫筒酒清澄明透，喝起来如同在喝梨汁或甘蔗浆，几乎尝不出来是酒。但从四川这么远的地方运来，很少有不变味的。我曾经喝过七次郫筒酒，只有杨笠湖刺史那次用木筏运过来的最好喝。

绍兴酒

绍兴酒，如清官廉吏，不参一毫假，而其味方真。又如名士耆英，长留人间，阅尽世故，而其质愈厚。故绍兴酒，不过五年者不可饮，参水者亦不能过五年。余常称绍兴为名士，烧酒为光棍。

译文： 绍兴酒就如同是清官廉吏，不掺一丝一毫的虚假，味道醇真。而同时，绍兴酒又像是名士及德高望重的老人，饱经人世间的风雨，阅历丰富，这也使之更显醇厚。所以说，喝绍兴酒一定要喝存放时间超过五年的，而掺水的酒也存放不了五年。我曾经将绍兴酒称为“名士”，而将烧酒称为“光棍”。

湖州南浔酒

湖州南浔酒，味似绍兴，而清辣过之。亦以过三年者为佳。

译文： 湖州所产的南浔酒，味道与绍兴酒相似，而清辣劲却比绍兴酒大。喝南浔酒，也是要喝存放时间超过三年的。

常州兰陵酒

唐诗有“兰陵美酒郁金香，玉碗盛来琥珀光”之句。余过常州，相国刘文定公饮以八年陈酒，果有琥珀之光。然味太浓厚，不复有清远之意矣。宜兴有蜀山酒，亦复相似。至于无锡酒，用天下第二泉所作，本是佳品，而被市井人苟且为之，遂至浇淳散朴，殊可惜也。据云有佳者，恰未曾饮过。

译文： 对于兰陵酒，唐诗中有“兰陵美酒郁金香，玉碗盛来琥珀光”一句。有一次我到常州，相国刘文定公用存放了八年的兰陵酒来招待我，而这酒果然有如琥珀一样的光亮，但是味道却太浓厚了，没有清远的感觉。宜兴所产的蜀山酒，与兰陵酒有些相似。而至于无锡酒，这种酒是用“天下第二泉”来酿制的，本应是好酒，但商人们都马马虎虎地酿制，使之应有的淳朴味道变淡消散，太可惜了。据说无锡酒有好喝的，只是我没有喝到过。

溧阳乌饭酒

余素不饮。丙戌年，在溧水叶比部家，饮乌饭酒至十六杯，傍人大骇，来相劝止，而余犹颓然，未忍释手。其色黑，其味甘鲜，口不能言其妙。据云溧水风俗：生一女，必造酒一坛，以青精饭为之。俟嫁此女，才饮此酒。以故极早亦须十五六年。打瓮时只剩半坛，质能胶口，香闻室外。

译文： 我一向不饮酒。丙戌年时，在溧水叶比部家做客，喝乌饭酒喝到了十六杯，席间的其他人惊呆了，都来劝我不要再喝了，而我却并没有尽兴，舍不得放下酒杯。乌饭酒是黑色的，味道甘甜鲜美，口感妙不可言。据说溧水地区有这样一种风俗：生一个女儿，就用青精饭酿造一坛酒。等到女儿出嫁时才把这酒开坛来喝。所以就算是开坛最早的乌饭酒，也是存了十五六年的。乌饭酒打开时，坛中大约只剩下一半，酒好喝到粘嘴，香味飘散出去，连屋门都关不住。

苏州陈三白酒

乾隆三十年，余饮于苏州周慕庵家。酒味鲜美，上口粘唇，在杯满而不溢。饮至十四杯，而不知是何酒，问之，主人曰："陈十余年之三白酒也。"因余爱之，次日再送一坛来，则全然不是矣。甚矣！世间尤物之难多得也。按郑康成《周官》注盎齐云："盎者翁翁然，如今酇白。"疑即此酒。

译文： 乾隆三十年时，我曾在苏州周慕庵家饮酒。他家的酒味道鲜美，上口能粘住嘴，酒倒满杯却不溢出。喝到第十四杯时，我还不知道这是什么酒，向主人问起来，告知是"放了十来年的三白酒。"因为我爱喝，第二天主人送了一坛过来，却完全不是昨天喝到的味道。真是可惜！这世间的好东西真是难得呀。郑玄在《周礼·天官·酒正》中对"盎齐"的注解为：

"盛着的翁翁葱白颜色的酒，就是如今的鄚白酒。"我怀疑他说的就是三白酒。

金华酒

金华酒，有绍兴之清，无其涩；有女贞之甜，无其俗。亦以陈者为佳。盖金华一路水清之故也。

译文： 金华酒有绍兴酒的清醇，而没有绍兴酒的涩味；有女贞酒的甘甜，而没有女贞酒的俗气。这种酒同样是越陈越香。金华酒之所以好喝，大概是金华一带水质很清的缘故吧。

山西汾酒

既吃烧酒，以狠为佳。汾酒乃烧酒之至狠者。余谓烧酒者，人中之光棍，县中之酷吏也。打擂台，非光棍不可；除盗贼，非酷吏不可；驱风寒、消积滞，非烧酒不可。汾酒之下，山东膏粱烧次之。能藏至十年，则酒色变绿，上口转甜，亦犹光棍做久，便无火气，殊可交也。尝见童二树家泡烧酒十斤，用枸杞四两、苍术二两、巴戟天一两，布扎一月，开瓮甚香。如吃猪头、羊尾、“跳神肉”之类，非烧酒不可。亦各有所宜也。

此外如苏州之女贞、福贞、元燥，宣州之豆酒，通州之枣儿红，俱不入流品，至不堪者，扬州之木瓜也，上口便俗。

译文： 既然要喝烧酒，就要喝劲儿大的。汾酒是烧酒中酒劲儿最大的。我曾将烧酒比作“人中的光棍”“县衙中的酷吏”。打擂台时，只有光棍最厉害；除盗贼时，只有酷吏才能除尽；而驱风寒、消积滞，也只有喝烧酒才能起到作用。比汾酒稍次一点的是山东的膏粱烧酒。烧酒存放十年后，颜色会变绿，入口甘甜，这就像光棍做久了，火气便消了，也容易相处了。我曾见过童二树家酿制烧酒，酿十斤烧酒，将四两枸杞、二两苍术、一两巴戟天与酒一起放入坛中，用布扎好，酿一个月，开坛后味道很香。吃猪头肉、羊尾、跳神肉时，一定要喝烧酒。这就是搭配饮食的道理。

除了以上说的这些酒，还有苏州的女贞、福贞、元燥，宣州的豆酒，通州的枣儿红，这些酒都不入流。最不好的是扬州的木瓜酒，一入口便感觉俗气十足。